除了野蛮国家，整个世界都被书统治着。

后读工作室
诚挚出品

分かちあう心の進化

# 透过黑猩猩看人类

## 分享的进化

[日]松泽哲郎 —— 著

韩宁　方谷 —— 译

人民东方出版传媒
People's Oriental Publishing & Media

东方出版社
The Oriental Press

图书在版编目（CIP）数据

透过黑猩猩看人类．分享的进化 /（日）松泽哲郎 著；
韩宁，方谷 译 . — 北京：东方出版社，2025.1.
ISBN 978-7-5207-2782-2

Ⅰ . Q981.1-49

中国国家版本馆 CIP 数据核字第 2024NS6999 号

WAKACHIAU KOKORO NO SHINKA
by Tetsuro Matsuzawa
© 2018 by Tetsuro Matsuzawa
Originally published in 2018 by Iwanami Shoten, Publishers, Tokyo.
This simplified Chinese edition published in 2025
by People's Oriental Publishing & Media Co., Ltd./ The Oriental Press, Beijing
by arrangement with Iwanami Shoten, Publishers, Tokyo

中文简体字版专有权属东方出版社
著作权合同登记号 图字：01-2023-5234号

**透过黑猩猩看人类：分享的进化**

（ TOUGUO HEIXINGXING KAN RENLEI: FENXIANG DE JINHUA ）

作　　者：［日］松泽哲郎
译　　者：韩 宁 方 谷
策　　划：姚 恋
责任编辑：王若菡
装帧设计：李 一
出　　版：东方出版社
发　　行：人民东方出版传媒有限公司
地　　址：北京市东城区朝阳门内大街 166 号
邮　　编：100010
印　　刷：嘉业印刷（天津）有限公司
版　　次：2025 年 1 月第 1 版
印　　次：2025 年 1 月第 1 次印刷
开　　本：640 毫米 ×950 毫米　1/16
印　　张：18.75
字　　数：191 千字
书　　号：ISBN 978-7-5207-2782-2
定　　价：59.80 元
发行电话：（010）85924663　85924644　85924641

# 推荐序

常常有朋友问我："金丝猴聪明吗？"是呀，金丝猴聪明吗？我研究金丝猴已经有三十多年了，但是这个问题一直困扰着我，我难以回答！

2001年，我作为客座教授到日本京都大学灵长类研究所工作与学习，这里汇聚了全世界许多著名的灵长类科学家，我在此看到了系统发育学、进化生物学、行为生态学、脑知识与人类学等研究团队进行的前沿理论与技术创新研究。我之前主要进行的是灵长类分布与种群资源调查，此时此刻，我如醍醐灌顶，打开了学科研究的眼界，觉得我们不仅要进行野外调查，而且应该在行为学与生态学方面进行定点观察与控制性实验。回国后，我踏上了金丝猴行为生态学研究的漫漫长路。

令我至今难以忘怀的是，在京都大学，有一天，平田聪博士突然问我是否有兴趣看看他们的黑猩猩智力研究实验。其实我早就知道，在京都大学灵长类研究所里，世界著名的松泽哲郎教授领衔的研究团队正在开展灵长类认知研究。我早已有心学习他们的研究方法，于是欣然接受了邀请。当看到电视机屏幕上不断闪烁着"1、2、3、4、5、6、7、8、9……黄、红、绿、青、蓝、紫、橙……"，而黑猩猩能够快速准确地用手指出其顺序与位置时，这一"动物瞬时记忆"实验令我非常震惊，一是他们的先进设备使我望洋兴叹，二是这种科学研究内容使我十分汗颜。我心里一直在想：什么时候我们也能够进行这样前沿性的科学研究呢？这颗种子从此埋藏在了我的内心深处。

十分欣慰的是，经过几十年的发展，在我们这一代人的努力下，中国灵长类行为与生态研究取得了一些重要研究成果，逐步走向世界，令国际同行刮目相看。更令我高兴的是，我的学生方谷开始带领团队研究金丝猴的认知。看到他们带着先进仪器在野外进行艰苦实验的过程，我既兴奋又感慨。我们终于开始追赶国际研究水平了。

有一天，人民日报社的编辑约我写一篇关于"动物智慧"的文章，这又勾起了我对于动物认知研究的思绪。我们觉得有些动物看上去很"呆萌"，但在某一方面它们又能表现出非凡的能力与智慧。什么是动物的智慧？同样，金丝猴聪明吗？我与方谷讨论了很长时间，终于写出《"聪明动物"背后的认知研究》，在人民日报读书栏目刊登，获得了大家的一致赞同。

动物学家利用多样的观察方法与巧妙的实验设计，不断研究动物行为和它们的思考方式，并发展出动物行为与认知科学这一学科。松泽哲郎教授用尽一生研究黑猩猩的行为与认知，成为这一领域的世界杰出代表。通过《透过黑猩猩看人类：想象的力量》和《透过黑猩猩看人类：分享的进化》这两本书的介绍，我们可以窥视动物的智慧源于观察学习与实践经验，并更多体现在适应自然环境、解决生存挑战等方面。这就是动物认知，这就是动物智慧，这就是动物的聪明。

人类在进化的过程中，失去了瞬时的记忆能力，取而代之是想象的力量与语言能力。亲人之间、伙伴之间在朝夕相处的过程中，孕育出了同情心、相互分享之心、慈爱之心。

让我们翱翔于动物认知的海洋，从中领悟人生的价值！

李保国

西北大学教授

国际灵长类学会执委

中国动物学会灵长类分会首任理事长

2024 年 8 月 8 日

# 中文版序

《透过黑猩猩看人类：分享的进化》是《透过黑猩猩看人类：想象的力量》的姊妹篇。很高兴这两本书能同时被翻译成中文在中国出版。

众所周知，大多数发达国家所在的欧洲和北美都没有猴子。你可能从未听说过美国猴、英国猴、法国猴或德国猴。非人灵长类动物只分布在亚洲、非洲和拉丁美洲。中国有26种灵长类动物。然而，在约14亿人口中，没有一个人能称自己是"黑猩猩学者"。黑猩猩生活在非洲撒哈拉沙漠以南的热带雨林中。很多人都在动物园里见过黑猩猩。在你的印象中，他们[1]可能是"又大又黑又聪明的猴子"，他们的宝宝看起来很

---

[1]　在松泽教授以前出版的书中，曾讨论过黑猩猩及其他大型类人猿（包括猩猩、大猩猩、倭黑猩猩）的量词，应该用一头、一个还是一位，松泽教授选择了数人用的量词"个"。同理，本书对其的人称代词也一律采用"他"或"她"。（本书注释均为译者注）

可爱，很像人类。但是，还没有中国学者真正见过、研究过这些黑猩猩，研究他们的心智，研究他们是如何在非洲森林中生活的。

我是一名黑猩猩科学家。1977 年 11 月 10 日，我在京都大学灵长类研究所见到了一个 1 岁大的黑猩猩，取名"小爱"。通过对小爱的研究，我了解了黑猩猩的认知能力和语言能力。为了进一步了解野生黑猩猩的生活，我来到非洲，继续研究野生黑猩猩使用石器和其他工具的文化。本书的尾声是 2018 年 4 月在新西兰的一次会议上所写，因此，本书是我 40 多年研究成果的结晶。它比较了人类和黑猩猩，解释了亲子关系、同伴关系、人类语言和艺术的进化起源。此外，本书还对人类、黑猩猩和倭黑猩猩进行比较，探讨了暴力的起源。

人类与黑猩猩的区别可以用一个词来表达：想象的力量。本书的论点是，我们人类已经进化到可以利用这种想象的力量来关心他人、与他人分享并对他人表示同情。我们进化出了对邻居的爱。本书的一个特点是没有照片和图表。这是不寻常的，也是我的书中第一次出现这种情况。我尝试用文字和口语尽可能平实地讲述故事，来解释我的所见所闻和所思所想。我还想邀请你——读者，来朗读全文，通过你的想象力来欣赏这个故事。我希望通过本书，讲中文的人们能够了解自己的进化近亲——黑猩猩，并思考人类心智的进化起源。

我的老朋友、中国动物学会灵长类分会首任理事长李保国教授是中国野生金丝猴研究的先驱。他能为本书作序，是我莫大的荣幸。2022

年，李保国教授邀请我到西北大学访问，这成为翻译本书的契机。原书由韩宁女士翻译成中文，她是我 30 年的老朋友，长期从事语言教育工作。西北大学副教授方谷博士以灵长类动物学家的身份对译文进行了精准的校正。我对各位深表感谢。此外，我还要感谢本书的出版单位东方出版社和原出版单位岩波书店。最后，我要向所有阅读本书的读者表示最深切的感谢。非常感谢你们。

# 目录

## 02 小爱项目

## 03 走进非洲

## 04 在博所的森林里

## 08 合作的智慧

## 09 文化的产生与传承

## 13 萌生出希望的智能

# 引言

我所从事的研究叫作比较认知科学，这门学问探究人类以及人类以外的动物的心智，并将两者进行比较，从而探讨"什么是人类"。现将常年累积的研究结集成书。

我有一个名叫小爱的科研伙伴，是一个黑猩猩。她于 1977 年 11 月 10 日来到京都大学灵长类研究所，如今已经有 40 多年了。在深入了解黑猩猩之后，我决定探究人类心智的起源。

研究让我们弄明白了一点，那就是"心智是进化出来的"。与身体一样，大脑与心智也是进化的产物。不过，心智的进化过程不像骨骼和牙齿那样，能够以化石的形式保存下来。因此，要了解心智的进化就需要采用新的方法。为了探究人类心智的进化，我开始了比较认知科学的研究：研究人类的近亲黑猩猩，并将他们与人类进行比较。可以这么说：了解黑猩猩，与了解人类自身关系密切。

黑猩猩的基因组（即完整的遗传信息）与人类基因组大约有 98.8% 是相同的，仅有约 1.2% 的差别。可以推定二者的共同祖先生活在约 500 万 ~ 700 万年前，基因组相同的部分即源于此。从共同祖先那里分化之后，黑猩猩和人类开始各自独立进化，在这个过程中获得的进化造就了基因组中相异的部分。

比较认知科学是以灵长类学为父、认知科学为母孕育而生的新学科。我从自己主导的科学研究成果中大胆地总结出以下三点。

第一，我的研究发现黑猩猩拥有比人类更优秀的记忆能力。这是通过利用计算机开展的认知实验所得出的结论。

在计算机屏幕上随机显示 1 ~ 9 的数字，用手指触摸 1 后，2 ~ 9 的数字全都会被替换成白色正方形，必须按照数字从小到大的顺序触摸这些正方形才算是正确回答。

只是在一瞬间看一眼那些数字，成年黑猩猩就能记住各个数字所在的位置。看过之后，他们仅仅用了 0.5 秒就触摸了第一个数字 1，并迅速地按照正确顺序触摸了屏幕上剩下的数字。而人类中没有任何一个人可以用那么快的速度、以那么高的准确率来完成这个任务。

第二，我在野外研究中，发现了黑猩猩使用石器，并将之作为文化传承的证据。这是采用野外实验的方法取得的成果。

西非几内亚博所[①]的黑猩猩会用一组石器做砧板和锤子，砸开坚硬的油棕榈果核，吃果核里的仁。小黑猩猩长到 4 ~ 5 岁就能渐渐掌握这种技巧，可以第一次使用石器砸开果核了。在这个过程中，我总结出了"不以传授教育，通过见习学习"的黑猩猩式教育方法。

黑猩猩父母只负责给孩子做示范，孩子则模仿父母的样子，他们有着强烈的学习动机，想要像父母那样砸开果核。黑猩猩父母对小黑猩猩的

---

① Bossou 是法语，目前翻译有博苏、波叟。本书翻译成博所，寓意为物产丰富的场所，是表达一种心愿，希望这个地方的各类物种继续丰富、繁茂。

行为宽容以待，不会无情地把孩子赶到一边去，也不会无视他们的存在。黑猩猩有自己的教育方法，也有从父母传给孩子、世代传承的文化传统。

第三，我的研究发现人类具有独特的想象的力量，这是采用参与观察法进行研究而得出的结论。

作为研究者，我经过漫长岁月的积累，与黑猩猩妈妈之间培养并建立了信任感。在彼此信任的基础上，研究者便可以和黑猩猩妈妈、小黑猩猩共处一室，近距离观察小黑猩猩的成长，而小黑猩猩也会通过妈妈，对研究者产生信赖。通过贴近黑猩猩母子的生活，我还得以观察小黑猩猩的心智发展。

观察结果表明，小黑猩猩的心智与人类儿童一样，是培养起来的。当然，我也发现了不同点。看一眼就能记住数字是黑猩猩所擅长的，但他们不擅长让眼前没有的物体在脑海中驰骋东西。对黑猩猩而言，学习语言是件难事。因为要把词语与词语所指的那个物品关联起来，需要想象力。

人类在进化的过程中，失去了短时记忆能力，取而代之的是想象的力量与语言能力。此外，在朝夕相处的过程中，亲子之间、伙伴之间还孕育出了同情心、相互分享之心、慈爱之心。

回首往事，我刚开始在灵长类研究所工作的时候，观察对象是冬天生活在雪中的志贺高原的野生日本猕猴。那是研究所规划的一个有关志贺高原猴子的综合调查项目，抽出旧文档一看，时间是 1977 年 2 月 14

日至 19 日。我在滑雪板底面贴上海豹皮防滑，登上岩菅山，观察野生猕猴的生活，它们住在山另一侧的鱼野川。当时，野生猕猴的生活尚不为人知。我窥见了严酷条件下猴子的生活：在白雪皑皑的世界里，啃着树皮。这个观察猴子的地点，北边是下北半岛、白神山地、金华山，往下走是京都的岚山、长野的志贺高原，再往下走是小豆岛、幸岛，南边则是屋久岛。欧洲和美国都没有猴子，发达国家中只有日本有猴子，在研究猴子方面，日本拥有无比优越的环境与背景。

推进黑猩猩研究的同时，我还观察了亚马孙的新大陆猴[①]、中国的金丝猴，并多次对猩猩、大猩猩、倭黑猩猩以及他们的野外栖息地进行了野外调查。我对刚果盆地独有的倭黑猩猩抱有特别浓厚的兴趣，因为倭黑猩猩与黑猩猩是同一个属的不同种。从黑猩猩和倭黑猩猩这两方的视角出发，将人类与之比较，进行三个视角的比较测量，就可以找到人类在进化长河中把对方推出局的奥妙。

本书想要通过灵长类研究的视角，讲述人类心智的进化。虽说灵长类学这门学科研究的是猿猴，但又并不局限于此。这门学科原本就是为了探讨人类与非人灵长类的关系，从而拷问"什么是人类"才应运而生的。我衷心希望广大读者能通过阅读本书，迈出对灵长类学感兴趣的第一步。

---

① 旧大陆猴与新大陆猴是按照分布来划分的。近现代的科学分类法源于欧洲，欧洲人把已知的、熟悉的大陆称为旧大陆，如亚洲、非洲，而把哥伦布发现的美洲称为新大陆。因此在亚欧大陆和非洲大陆发现的类群叫作旧大陆猴，在中南美洲发现的类群则叫作新大陆猴。

## 01

探究心智的
进化

说人类的身体是进化的产物，大概不会有人提出异议吧？但是，如果说"心智是进化出来的"，你是不是会被吓一跳呢？

如果说人类的身体是进化的产物，那么，大脑作为身体的一部分，当然也是进化的产物。若是这样的话，心智作为脑的机能，便也是进化的产物。骨骼、牙齿等硬的东西会以化石的形式留存下来，可是，像脑这样柔软的东西会腐烂溶化，无法留下化石。不论怎么在土里挖掘，也挖不出大脑和心脏的化石。

灭绝后变成化石残留下来的那些物种，也许就是人类的祖先。这些化石是冠上了学名的人类，如地猿、南方古猿、直立人。他们的身体结构与姿态可以用骨骼、牙齿的化石重构出来，但是，要基于化石重构他们的心智就困难了。

我想了解心智的历史，想了解它经历了怎样的过程，才进化成了我们现在的心智。

既然不能从过去的证据中搜索答案，而是要以现在依然存活的生物为研究核心去寻求答案，就需要新方法了。这是把人类与人类以外的灵长类动物进行比较的灵长类学要解决的问题，同时，这种新方法也算是心智的研究，属于心理学以及认知科学范畴。由此，在灵长类学与认知科学交叉的地方，孕育出了一个新的学科领域——比较认知科学。这是以灵长类学为父、认知科学为母而孕育的学科。

人类到底是如何变成今天这个样子的？人类心智有内省与内观的机

能，也就是可以审视自我。心智是从什么时候，又是为什么会萌生这样的机能呢？

我想追寻心智的进化。

# 地球上的所有生命都命脉相连

　　探究人类心智进化的第一步，是思考我们所生活的地球的历史。

　　据研究，地球这颗行星诞生于约 46 亿年前，大约 38 亿年前，地球上诞生了生命。现在普遍认为，最初的生命是在海洋中诞生的，这些生命经历了漫长的时间进化而来，一切生物都在这 38 亿年的漫漫生命历史长河中，生生相息。现存的生命，全都是经历了同样长久的时间而存活下来的。

　　在大海中诞生的原始生命，随着身体形态的变化，有的登上了陆地，有的飞上了天空，有的留在了海里，这些生命彼此命脉相关。在进化的过程中，构造比较简单的生命体，有一些生命结构变得越来越复杂，另一些则原模原样地保持着简单的姿态，继续生存下来。像细菌、古细菌这样的生命形式，哪怕经历了几亿年，身体的结构依然基本上保持不变。

　　重要的是，这些细菌和人类有着共同的祖先。从基因组的分析看，可以明确的一点是：人类与人类以外的生命体有着连续性关联。"所有生命体必定在某一时刻命脉相连"这个说法是到了 21 世纪才确立起来的新的人类观，在命脉相连的这个时刻上，不同生命的祖先曾经是同样的生物。

如果人类和黑猩猩一起登 500 万 ~ 700 万年的坡①，就能遇到两者的共同祖先。也就是说，在那个时候，人类和黑猩猩曾经是同一种生物。我们曾经既是人类也是黑猩猩，也许可以说，我们曾经是"黑猩猩人"这样的生物。

遗憾的是，目前没有发现与这个共同祖先完全吻合的化石。但是，我们已经发掘出了大约 440 万年前的人类化石，这种人类被命名为拉密达猿人（又称始祖地猿）。从共同祖先的发展路径来看，拉密达猿人化石是往人这个方向进化的。

从人类和黑猩猩的共同祖先那里继续上溯，就到了和日本猕猴会合的时间，目前普遍认为是在大约 3000 万年前。在 3000 万年前森林中的树上，生活着即将走上不同进化之路的共同祖先，这个共同祖先将进化成人类、黑猩猩和日本猕猴。

从人类、黑猩猩、日本猕猴三者的共同祖先这里，继续登坡上溯，会找到整个灵长类的共同祖先，再往前，还会找到所有哺乳动物的共同祖先。不论从哪里开始，这条路径最终都通往约 38 亿年前的初始生命。

① 日语中"遡り（さかのぼり）"的意思是追溯，正好和意为登坡的"坂登り（さかのぼり）"谐音。此处作者借用了日语的谐音作比喻，黑猩猩与人类一起登坡，一起追溯进化的历程。

从初始生命开始，命脉相连、进化至今的生命全都是经历了同样长的时间生存下来的。敬请各位读者仔细理解消化一下这种生物间命脉相连的关系。

# 人类在生物大家庭中的位置

地球上，各种各样的生物构成了物种间相互依存的生态系统，生态系统又支撑着各种生物的生存。

现在，全世界已知的动物物种大约有 175 万。人类给 175 万种动物命了名，真是多得出奇啊！如果用 1 秒钟数 1 个物种，全部数完要花486 个小时，即使昼夜不停地数，也要花上 20 多天。

在动物物种中，哺乳类占了 4000 ~ 6000 种。物种之间相互区别的界限应该划到哪里，怎样才算是一个新物种呢？不同的学者有不同的观点，由此算出的种的数量也不同。那就让我们取个中间数值，认为大约有 5000 种哺乳类动物。鸟类大约有 1 万种，昆虫则大约有 95 万种。已命名的动物中，一半以上都是昆虫。

地球上不仅有动物，还有植物和真菌。有很多观点认为，如果把未知的物种也包含进去，地球上的物种总数为 500 万 ~ 3000 万。

地球上住满了各种各样的生命，人类一个接一个对它们进行分类，取了名字，也就是所谓的学名。大约 250 年前，瑞典生物学家卡尔·冯·林奈（Carl von Linné）创立了双名命名法。

比如，智人（*Homo sapiens*）是人类这个动物物种的特定学名，可以说是种名。种名由两个部分构成，*Homo* 是属名，*sapiens* 是种小名。属名和种小名合在一起，表示一个种，因此叫作"双名命名法"。人类这个种叫作智人，即"拥有智慧的人"。如果要用学名来称呼我们身边熟悉的动物的话，狗叫作 *Canis lupus familiaris*，猫叫作 *Feilis catus*。

种是生物分类学中区分物种的最小单位，种间也会有相似之处。将种归纳在一起就是属，属的上一级是科，科的上一级是目，再往上是纲，接着是门，最后是界。依照顺序排列就是"界门纲目科属种"，反复念诵就能记住。

通常我们总是说人科、人属、人类。依照分类法，从更大、更总括的级别开始描述的话，人类是动物界、脊椎动物门、哺乳纲、灵长目、人科、人属、人种的生物。


## 哺乳动物的进化

灵长类属于哺乳纲的一部分，因此，接下来我想请大家试着思考一下人类作为哺乳纲一员的进化。之前已经说过，目前已知哺乳纲中大约有 5000 个种。

哺乳纲的共同祖先可以追溯至恐龙欣欣向荣的中生代。它们生活在陆地上，是夜行性的小动物，如同现在的老鼠一般。生活在陆地上的哺乳纲，最初都是用 4 只脚在陆地上行走的。

大约 6600 万年前，地球上发生了大规模的气候变化，动植物大量灭绝。恐龙灭绝后，哺乳纲在地球的各个角落里生存下来，为了适应不同生活场所的环境，身体发生了演变，这叫作适应性趋异（adaptive radiation）。哺乳纲适应了不同的生活环境，进化出各种各样适应生存的身体形态。

其中，有飞向天空的翼手目——蝙蝠。很少有人意识到，在哺乳纲中，蝙蝠占了将近四分之一。在天空飞翔的动物中，只有蝙蝠属于哺乳纲。蝙蝠进化出各种各样的身体形态，独霸了天空广阔的生存环境，它们的 4 只脚变成了翅膀的模样，进化出了与在空中飞翔的鸟类相似的体形。

与飞往天空的蝙蝠相对应的，是潜入水中的鲸目。它们的 4 只脚变成了鳍的模样，和在水中游泳的鱼一样。

接下来就是适应了树上特殊环境的灵长目。灵长目的特征是手，这一点稍后还会详细介绍。为了牢牢地抓住树枝，灵长类动物的 4 只脚进化成了手。而人类是在适应了树上生活之后再次回到地面上的，为了适应长距离行走，又从 4 只手之中进化出了 2 只直立行走的脚。

下一步，就是研究进化这场大戏中的陆栖哺乳纲，从中选取一个典型的代表作为研究对象。于是，我开始了对野马的研究。为什么选择马呢？有两个理由：第一，关于野马的生态研究基本上无人着手；第二，我很想了解马的心智。

在人类与非人灵长类比较研究进一步推进的影响下，对人类以外动物的研究也都有所进展，对海豚、象、狗、猫、鹦鹉和乌鸦等鸟类、刺鱼等鱼类、章鱼等无脊椎动物的行为学及心智研究都取得了进展，却唯独没有把马作为研究对象的比较认知研究。

马是如何看这个世界的呢？

提出了这样的研究问题后，我们于 2014 年年初购入了两匹马，开始了对饲养环境下的马的研究。通过黑猩猩研究，我们已经知道应该如何活用计算机实验了，于是也开始对马进行实验研究。我的同事友永雅己教授把马训练得像黑猩猩一样，学会了使用电脑的触摸屏。经过实验确认，马能识别形状，也能分辨数字的大小。

与实验研究并行，我还开展了对马的野外研究。研究场所在葡萄牙北部的塞拉德阿拉山[①]，在那里生活着一种叫作加拉诺的野马，现在平田聪教授、山本真也教授、萌奈美·林霍法（Monamie Ringhofer）博士、瑞纳塔·达·席尔瓦·门多卡（Renata Da Silva Mendonça）博士和井上漱太教授等人仍在进行野外调查研究。

---

① 塞拉德阿拉山高 823 米，位于葡萄牙北部，北纬 8°42' 东经 41°48'，是典型的大西洋气候。

塞拉德阿拉山脉一带有野生的狼，它们会捕食野马，这样一来就保护了牛、羊等更重要的家畜。把小马放进山里，可以起到保护村子的作用。人类与人类以外动物的共生形式真是有趣。

我在 2015 年和 2017 年进行了三次实地调查，发现塞拉德阿拉山中一共有 208 匹野马，分为 26 群。我们为这 208 匹野马一一取了名字，做了个体识别。

目前为止，我们在调查研究中明确了两点：第一，小马在 1 岁前死亡率很高，2016 年出生的马，大约有七成在第二年就死掉了。我还目睹了活生生的小马驹被狼攻击、伤痕累累的惨状。第二，雌性移籍，也就是说雌性会频繁地在群间辗转生活。

现在，年轻的研究者们仍在继续调查，在他们兢兢业业的努力下，一定会出现更新的洞见。

## 灵长类的进化

马可以代表居住在陆地上的哺乳类动物，这些陆生哺乳类动物的祖先向外扩展，于是广袤的天空中有了蝙蝠，水里有了鲸和海豚，我们还能找到居住在树上的灵长类。

住在树上——多么有趣啊！不是在陆地上，也不是在空中，而是生活在树上，弄不好就会跌落地面。然而反过来说，普通的四足动物也不能轻易地爬到树上来，即便狮子、豹等肉食动物爬上了树，树栖动物也可以从树梢逃走，安全地过日子。

在进化的过程中，灵长类中出现了很多种类的猴子。

我的研究主要是对人属人科的人类、黑猩猩、大猩猩、猩猩进行比较研究。我还曾到苏门答腊岛和加里曼丹岛去看过长臂猿、合趾猿等小型类人猿，现在则在观察日本猕猴、金丝猴等猴科（旧大陆猴）的生态。我去过中国的西安，看到了浑身覆盖着金色毛发的金丝猴，据说孙悟空就是以金丝猴为原型的。我还去云南调查了同属仰鼻猴属的滇金丝猴，它们的毛色由黑白两色构成。日本猕猴则属于猕猴属，这个属还包括恒河猴（猕猴）、食蟹猕猴、豚尾猴等。由于这些猕猴分布在亚洲和非洲，所以称为旧大陆猴。我还去南美亚马孙观察了野生的新大陆猴，看到了松鼠猴、绒毛猴、秃猴、吼猴等，以及被称为原猴的眼镜猴。

就这样，我观察了种类繁多的野生灵长类，把比较的范围从黑猩猩与人扩展到全部灵长类。更进一步，我把研究对象拓展到了马，先考虑灵长类在哺乳类动物中的进化，再考虑人类在灵长类中的进化。

用一句话总结一下灵长类的分类。把人类放到中心来看的话，灵长类可分为：人类、大型类人猿、长臂猿类（小型类人猿）、旧大陆猴、新大陆猴、原猴。

哺乳类动物中的灵长类有什么特征呢？猴子的特征是有手，可以抓握。马的蹄子和狗的爪子都无法握住东西。

四肢的末梢变成了"手"的形态，用手来握住物体，是为了适应树上生活而出现的进化。在大多数情况下，这种进化表现为大拇指和剩下的四根手指能相向并拢，因此具备了抓握功能。

灵长类的另一个特征是眼睛长在脸的正面。马的眼睛长在脸的两侧，因此连头部的后方也能看到。葡萄牙野马的天敌是狼，长在脸的两侧的眼睛能够远远望见周围的情况，很容易看到偷偷接近的狼。

而猴子生活在树上，要在树间移动，从一棵树跳到另一棵树。对它们来说，眼睛是非常重要的，必须能看清前行的方向，测出距离。跳跃移动需要良好的视力，因此，猴子的眼睛不像马那样长在脸的两侧，而是长在脸的正面。

两只眼睛左右并排，看到的影像有些许不同，会造成微小的视觉差，从而产生纵深感。纵深感能让猴子正确判断出从自己所在位置到想要跳过去的树枝之间的距离，如果像马那样，眼睛分别对着左右两侧，正面重合的部分很少，就无法产生正确的纵深感了。

眼睛还有另一个重要的机能——色彩感知，也就是色觉。灵长类是昼行性动物，在光线明亮的时候活动，因此获得了色觉。哺乳类动物基本上都是没有色觉的，比如马和狗。这是从共同祖先那里传下来的，因为哺乳类的共同祖先是夜行性小动物，在黑暗中看不清颜色。

# 人科有 4 个属

人类是猴子的伙伴，有可以握住物体的手，眼睛长在脸的正面，有纵深立体视觉，也有色觉。那么，属于灵长类的双足的人类具有怎样的特征呢？

与猴子相比，人类的鲜明特征是直立行走。猩猩也可以直立，如果脊梁伸直，可以摆出很漂亮的站立姿势。但是，猩猩基本生活在树上，只是偶尔到地面上活动，虽然能用双脚支撑身体站起来，但无法保持直立的姿势行走，走路的时候通常都是四足着地。黑猩猩也能保持站立姿势，还可以大步流星地走出 10 米左右，但他们也不能持续用双足行走。

人类可以始终保持身体直立，用双足行走，因此有这样的说法："双足直立行走是人类的常态。"不过，在这里我想要提醒大家，直立姿势是人类与猿猴类从共同祖先那里继承得来的。要想爬树，躯干就必须挺直，而在坐着的时候，由后肢支撑着体重，躯干也是直立的。

要想研究人类的进化，需要仔细观察各个方面，光是这些观察就能写出一本书。由于市面上有很多类似内容的书，我的灵长类学入门就讲到这个程度为止吧。接下来，请容我介绍一下人科的 4 个属。

人类并不是一种特别的生物。每种生物都有各自的独特性，都是独一无二的。虽说人科以人命名，但实际上有 4 个属：人科人属、人科黑猩猩属、人科大猩猩属、人科猩猩属。

人类与黑猩猩、大猩猩、猩猩的共同特征是：体形大，且没有尾巴。人们很少注意到，黑猩猩没有尾巴，大猩猩没有，猩猩也没有。当然了，人类也没有尾巴。

换句话说，猴子有尾巴。虽说日本猕猴的尾巴很短，但毕竟还是有的。试着在脑海中想象一下日本猕猴、恒河猴、狒狒、松鼠猴……你会发现这些猴子全都有尾巴。但是，人科的猿猴没有尾巴，没有尾巴的大型猿猴就是人科的动物。

非常重要的一点是，不仅生物学上的分类如此，日本法律中定义的人科也是 4 个属。例如，略称为《动物爱护法》的法律条文中写道："请爱护某某动物。"法律规定的对象要表述严谨，所以在法律条文的最后，会以附录形式说明该法律适用的动物名称，而附录里写的就是"人科黑猩猩属""人科大猩猩属""人科猩猩属"。因此，请大家在心里牢牢记住：人科有 4 个属。

# 黑猩猩是人类进化的近亲

黑猩猩是我们人类进化的近亲。从心智进化研究的角度来看，黑猩猩就是那缺失的一环，是假定存在于人猿与人类之间的那个过渡物种。因为黑猩猩还活着，所以说这一环并未缺失，他们是打开锁的钥匙，可以解开人类进化的谜题。了解了黑猩猩的本质，人类与人类以外的动物便得以联系起来。

人科4属是怎样进化而来的，可以通过解读完整的基因组来弄明白。

一般认为，现在依然存活的人科4属的共同祖先生活在大约1200万年前。从这个共同祖先开始，首先同人类、黑猩猩、大猩猩分道扬镳，走上不同进化之路的，是最后成了猩猩的动物。现在猩猩只分布在加里曼丹岛和苏门答腊岛，属于亚洲的人科。与此相对应，人类、黑猩猩和大猩猩的起源地也很清楚，是在非洲，属于非洲的人科。

从非洲起源的人类、黑猩猩和大猩猩的共同祖先的基因组信息显示，在大约 800 万年前，人类和黑猩猩的谱系与大猩猩的谱系分离了。

在一般人的印象中，黑猩猩与大猩猩长得很像，却与人很不一样，所以黑猩猩与大猩猩应该是一组的，人则截然不同。但是，这是被外表迷惑而得到的观念。到了 21 世纪，对基因组的解读不断进步，由此得出了明确的结论：人类与黑猩猩非常相似，但与大猩猩不同。大约 800 万年前，大猩猩的祖先同人类和黑猩猩的祖先分开了，那个时候，人类和黑猩猩应该被称为"黑猩猩人"，曾经是同一种生物。

从应该被称为"黑猩猩人"的生物那里开始，人类和黑猩猩又分开了，据推定，二者走上不同进化之路的时间是约 500 万～700 万年前。虽说基于基因组的推定与基于化石的推定多多少少有所差别，但是对于分化的顺序，通过两种方式得出的结论一致。人类与大猩猩不同，而与黑猩猩相近。从共同祖先那里开始分化，人类成了人类，黑猩猩成了黑猩猩。

从共同祖先开始向人类谱系进化，最早的人类是诹访元教授率领的团队发现的始祖地猿，这些化石是在非洲的埃塞俄比亚发现的，距今大约 400 万年。始祖地猿之后，还有被称为南方古猿的人类化石。接下来，在大约 250 万年前，出现了最初的人属人类，赋予人属独特特征的是石器。众所周知，人属动物会使用石器、制作石器。

从这个人属的共同祖先开始，接下来发现了各种各样的人类化石，如直立人、尼安德特人等。

直到大约 3 万年前，往往有多个种类的人类在地球上共存，智人与尼安德特人共存于同一时期，还出现了两者混血的证据。尼安德特人曾分布在欧洲，后来灭绝了。近年还发现了其他一些种类的人属人类化石，如丹尼索瓦人、弗洛勒斯人以及纳莱迪人。但是，除了智人以外的人类全都灭绝了，人属人类中，只有智人活了下来，也就是说，只有我们活了下来。

　　因此，从进化的观点看，现存距人类最近的物种是黑猩猩。黑猩猩是能够向我们提供人类进化历史实证的证人，也是我们的进化近亲。

# 小爱项目

1977 年，我邂逅了一个刚刚 1 岁的黑猩猩婴儿，我给她取名为小爱。从那以后，小爱就成了我长期研究的伙伴，和我相伴已经超过 40 年了。

我最初的研究课题是"黑猩猩眼中看到的世界"，尝试用同样的设备、同样的程序对黑猩猩和人进行比较研究。

我的研究发现了很多有趣的现象。比如说，黑猩猩能像人一样看到颜色，双眼视力为 1.5，人类不擅长识别上下颠倒的照片中的脸，而黑猩猩却能轻而易举地认出。

以"黑猩猩眼中看到的世界"这一主题为基础，我开始进行实证研究，客观地对黑猩猩心智进行检测，这也是我的研究目的。现在，让我从头说起。

# 邂逅小爱

1977 年 11 月 10 日，黑猩猩小爱来到了京都大学灵长类研究所，那天就是名为"小爱项目"的研究开始的日子。

## 从黑猩猩的牙齿说起

小爱是经动物商之手来到研究所的，所以我们并不清楚她准确的出生日期与出生地。

首先，我根据自己观察日本猕猴的经验基础，再对照文献资料，推定了她的年龄。这要根据她的体形大小、体重、牙齿萌出情况来判断，尤其牙齿萌出是推定幼小个体年龄的准确证据。那个时候小爱正好刚刚长齐乳牙，因此，我推定她为 1 岁左右。

稍微详细说明一下，牙齿排列的方式是有意义的。哺乳类动物的标准牙齿包含门齿、犬齿、小臼齿、大臼齿4种类型，上下左右各有3颗、1颗、4颗、3颗。根据物种不同，"各类型牙齿的颗数有少于这个标准的，但不会更多"。在葡萄牙时，我曾用被狼吃掉的马剩下的骨头实地确认过，马的牙齿排列是3颗、1颗（雌性为0颗）、3颗、3颗。也就是说，其小臼齿相比哺乳类的标准少了1颗。

请大家自己对着镜子确认一下人类的牙齿，可以看到是门齿2颗、犬齿1颗、小臼齿2颗、大臼齿3颗，也就是说，人类的标准牙齿排列是2颗、1颗、2颗、3颗。这是成人的牙，也就是换完牙之后长成的。人类的乳牙是上下左右各5颗，合计20颗，到了5~6岁换完牙，就长成了恒牙32颗。这32颗牙中，最里面的4颗是智齿，即第三大臼齿，因为是在迎来成人期时才终于长出来的，所以日语叫作"親不知"[1]。有人不长智齿，也有人因为智齿横着长而不得不将其拔掉。

黑猩猩则毫无例外，一概都会长出智齿。除了这一点，黑猩猩与人类的牙齿是完全一样的。黑猩猩也是在刚出生时完全没有牙齿，乳牙长齐有20颗，从前齿（门齿）开始依次换牙，5岁半到6岁开始长出第一大臼齿的恒牙。这是人类与黑猩猩乃至日本猕猴共有的特征。牙齿可以用于在不同种之间相互比较，辨别个体处于哪个成长阶段。

---

[1] 意思是长大成人独立了，比喻到了这个年纪就离开父母，不认识父母了。

因为牙齿是能够清清楚楚用眼睛看到的身体变化，而且会按照时间顺序一颗一颗地起变化，所以在很早以前就被用于研究了。我们已经知道了人、黑猩猩和日本猕猴出牙的方式和时期。当然，这里也会存在个体差异，但是正因如此，标准反而更加明确了。可以说，通过观察牙齿的情况，就可以大致弄清楚个体的年龄，精确到月。

人类出生后大约 6 个月开始出牙，2 岁半到 3 岁时出齐乳牙；黑猩猩出生后 2 个月左右开始出牙，大约 1 岁时出齐乳牙；日本猕猴则是出生后 1 周开始出牙，大约 6 个月时出齐乳牙。小爱来京都大学灵长类研究所的时候正好乳牙出齐，因此我们推定，她当时是 1 岁。

这些有关牙齿的知识，对推算野生黑猩猩尸体的年龄也非常有用。把 6 具分别名为恩陪、泼尼、凯伊、吉玛特、贝贝和贝鲁的黑猩猩的尸体做成标本后，我曾三番五次地检查他们的牙齿。

对于研究来说，"什么都知道"是非常重要的。心智研究表面上看与牙齿的萌出没有什么关系，但从身体发育的视角出发，想要理解个体处于哪个发育阶段，牙齿就显得很重要了。

顺便说点题外话，牙齿的形状也特别有意思。门齿是什么形状呢？人类，尤其是亚洲人、美洲原住民、大洋洲原住民等在亚洲起源的蒙古人种拥有"铲形门齿"，其形状像铲子一样。请用自己的舌头试着触摸一下门齿的背面，是不是凹下去的？整颗牙齿的形状就像一把铲子，因此得名。

然而文献里说，黑猩猩的牙齿背面是凸起的，而不是凹进去的。小爱成年之后，她的牙齿的实际情况证实了文献里的说法。我把食指伸到黑猩猩的嘴里，用指尖试着摸她上颚牙齿的背面，确实是凸起来的。连黑猩猩牙齿齿背的形状都要实际感受一下，想必很少有人会这么做研究。因为，把手指伸到黑猩猩嘴里是极其危险的。

和黑猩猩有关的人中，有一位被称为"九指"，她的手指头少了一根。此人就是研究野生黑猩猩的著名专家——珍·古道尔（Jane Goodall），她失去了大拇指的指尖。因研究倭黑猩猩康兹而闻名的苏珊·萨维奇 – 朗博（Susan Savage-Rumbaugh）则是食指从第一个关节往上全都没有了。这二位都是被自己饲养的黑猩猩把指尖咬掉了。稍有疏忽大意，就会发生这样悲惨的事故。作为研究黑猩猩的专家，我十指齐全，实属罕见。

刚才讲到小爱是经由动物商之手来到灵长类研究所的，得到的信息是她来自非洲的塞拉利昂共和国。几内亚、利比里亚、塞拉利昂、科特迪瓦等国家均位于西非。请想象一下非洲的地图，非洲大陆中间变细的那部分，西边是几内亚湾，这几个国家就位于几内亚湾朝向赤道的部分，热带雨林非常繁茂。

20 世纪 70 年代，欧美发达国家及日本的动物园、马戏团等娱乐设施，还有医学实验室，都会用到黑猩猩幼崽。直到 20 世纪 70 年代，日本的肝炎研究还在使用黑猩猩。当时，人们已经了解了甲型肝炎和乙型肝炎，但除此之外还有另一种肝炎，病因不明。除了人类以外，会感染肝炎的动物就只有黑猩猩了，猴子和老鼠都不会感染。因此，人们把健康的黑猩猩幼崽当作实验动物，令其感染肝炎，再彻底查明感染的原因，借此寻找治疗肝炎的方法。1989 年，终于在非洲查明了这种未知的肝炎是丙型肝炎。

查阅记录，可以看到在 1970—1980 年的 10 年间，日本从非洲引进了大约 1500 个黑猩猩，小爱便是其中之一。这些黑猩猩被送往众多的医学实验室，在那里断送一生，小小年纪就死去了。只有小爱侥幸逃离了那样悲惨的境遇，作为稀有的黑猩猩来到了我们的实验室。

## 第一次相遇

直到现在，我仍然清晰地记得第一次见到小爱的情形。那大约是在 40 年前，在灵长类研究所地下室的一个房间里。那是我第一次见到小黑猩猩。在普通人的印象中，黑猩猩是一种黑乎乎的大猴子，很聪明。我那时候也一样，除了这种普通人常有的印象，我不具备任何关于黑猩猩的基础知识。

小爱坐在一根小小的栖木上，从我的脚下往上看，定定地凝视着我，注视着我的眼睛。这让我大吃一惊。为什么呢？因为如果是日本猕猴，是不会看着对方的眼睛的。在野猿公苑，会看到这样的注意事项："请不要盯着猴子的眼睛，与之对视。"对于猴子来说，直视对方表示不怀好意，瞪视是带有敌意的表现。人类当然有瞪着眼睛看人的时候，但还会怀着爱意注视对方的眼睛。黑猩猩也会凝视对方的眼睛，这让我很吃惊。

　　我弯下腰，与小爱的视线齐平，想着要让她有安全感。该怎么办呢？不凑巧，我两手空空，什么都没拿。此时此刻，我穿着做实验的白大褂，戴着黑套袖，就是那种为了防止西服袖子被弄脏而套在袖子上的筒状的布，过去办公室里的文书经常会戴。

　　我把套袖脱下来，递给小爱，小爱没有丝毫迟疑，直接就把套袖套到了自己的手腕上。我再次大吃一惊。这反应简直就和人类孩子如出一辙！如果是日本猕猴，应该根本不会接过去吧？它们接受之前先要闻闻气味，再放到嘴里咬一咬，发现是不能吃的东西就丢掉了。

　　而小爱则接过套袖，套在自己的手腕上，上下移动，再把套袖卷起来，一直往上卷，又拽下来，这样反反复复做了几次。过了一会儿，她又倏地把套袖从手上脱下来，递还给我。她居然会和人互换东西，这又让我大吃一惊。

说一句"给，请拿去"，然后把东西递过去；对方说着"谢谢"，把东西接过来，然后重复之前的对话，又把东西还回去。在人类孩子之间，会这样接东西、递东西，甚至还会扮作开店的老板来做买卖。但人类和日本猕猴之间，不可能出现这种互换东西的往来。你可以递东西给日本猕猴，它也会接着，但它不会归还，因此"相互交换"是不成立的。

小爱和我视线相交，还会和我互换东西，眼前这个初次邂逅的黑猩猩就在这一瞬间把我迷住了。那一刻我就下定了决心："我要研究这个孩子！"但是，我当时万万没想到，小爱项目竟然持续进行了 40 多年。

# 早期的类人猿语言习得研究

我想介绍一下研究的背景。欧美的研究者对黑猩猩的心智感兴趣，大概是从 100 年前开始的。20 世纪初期，德国的沃尔夫冈·柯勒（Wolfgang Köhler）、俄罗斯的娜杰日达·拉德金娜·科茨（Nadezhda Ladygina–Kohts）和美国的罗伯特·默恩斯·耶基斯（Robert Mearns Yerkes）等前辈，在一边养育黑猩猩的同时，一边研究他们的智力。

在这些实验中，得到研究的有凯洛格夫妇（Winthrop & Luella Kellogg）抚养的黑猩猩古尔和黑兹夫妇（Keith & Catherine Hayes）抚养的黑猩猩维奇。研究者在人类环境下抚养黑猩猩，将人类孩子与黑猩猩进行比较，得出了三个结论。

第一，黑猩猩宝宝和人类宝宝的发育过程非常相似。

第二，即使用抚养人类宝宝的方法抚养黑猩猩，黑猩猩也无法像人类一样学会说话。

第三，黑猩猩宝宝长大后，会变得"粗暴"，无法再在家中抚养。

20 世纪 60 年代后半期，这类研究取得了两个很大的突破。

美国内华达大学的心理学家加德纳夫妇（Allen & Beatrix Gardner）抚养了黑猩猩华秀，并对她进行研究，发现由于喉部结构与人类不同，黑猩猩无法像人类那样说话。鉴于此，加德纳夫妇考虑教华秀手语，也就是聋哑人使用的语言。他们选择了用手指来表达的手语。就这样，加德纳夫妇开始把美国手势语（ASL，American Sign Language）教给华秀。华秀用了几年的时间，记住了超过 100 个手语词。

还有一个研究是用普雷马克夫妇（David & Ann Premack）抚养的名叫莎拉的黑猩猩进行的。普雷马克夫妇把彩色塑料片作为教具，比如说，灰色扇形代表"红色"，蓝色三角形代表"苹果"。从根本上说，这是以"是否理解符号体系代表的意思"这样一种形式来检测黑猩猩的语言能力。

我曾当面见到过华秀和莎拉。华秀生活在美国中央华盛顿大学的福茨夫妇（Roger & Deborah Fouts）身边，与其他黑猩猩在一起。她对野生黑猩猩以及饲养环境下的黑猩猩都司空见惯，只不过是个普通的黑猩猩大婶罢了。

手语的难点在于，外行人看不明白。某个手势是不是黑猩猩通过学习后掌握的手语符号呢？外行人只不过看到一个挠手腕的小动作，这在手语中代表"玩耍"，但如果不经由福茨夫妇讲解，别人就弄不明白。也就是说，这种解释缺乏科学的客观性，并不是无论谁看了都能领会的。

普雷马克夫妇的"彩色塑料片语言符号"研究针对这一问题进行了改良，把彩色塑料片当作语言来使用。我曾与普雷马克老师的莎拉待在一起近两年。那时我已经在京都大学拿到终身教职，暂时中断了小爱项目，在1985—1987年这将近两年的时间里，师从普雷马克，在宾夕法尼亚大学留学。

我还清晰地记得与莎拉第一次见面时的情景。虽然隔着铁丝网，但她凝视着我，之后就爬上顶棚，我还在想她要做什么，她已经拿着勺子和杯子回来，静静地把它们从铁丝网下方递了出来。我寻思她大概有什么需求，也许是想喝水吧。一个黑猩猩积极地向我提出要求，就像试探我一样，让我做事，这样的事情也真是稀奇。

到了20世纪70年代，人们开始了对大猩猩手语的研究，研究对象是一只被弗朗西恩·派特森（Francine Patterson）博士取名为可可的雌性西部低地大猩猩。此外，也有人研究猩猩的手语，如林·迈尔斯（Lyn Miles）对雄性猩猩姜泰克的研究。但这些实验都没有追加对彩色塑料片语言符号的研究。

还有人持续不断地研究海豚、鹦鹉能否理解人类的语言，他们利用计算机和键盘，开发出把文字作为媒介的第三种研究方法。美国耶克斯灵长类研究所的杜安·朗博（Duane Rumbaugh）等人以黑猩猩拉娜为研究对象，后来，苏珊·萨维奇－朗博则以倭黑猩猩坎兹、潘伯尼莎为研究对象，继续开展研究。

就这样，在欧美研究的启发下，我开始了京都大学灵长类研究所的黑猩猩语言习得研究，构思这个研究的是我的恩师室伏靖子。我们跟脑科学家久保田竞商量，打算在日本进行教授黑猩猩学习人类语言的后续研究，小爱就成了被试的头号人选。

我还想做一点"画蛇添足"的补充，介绍一下"记住了人类语言的动物"。他们是：黑猩猩华秀、莎拉、拉娜，倭黑猩猩坎兹、潘伯尼莎，大猩猩可可和猩猩姜泰克。说到鹦鹉，艾琳·玛克辛·佩珀伯格（Irene Maxine Pepperberg）培养的亚历克斯很有名。此外，还有夏威夷的两只海豚，一只名为"哲学家"，一只名为"凤凰"。

突然发现，以上所说的这些动物，我全都亲眼见过。我曾经实地去看过这些动物，倾听研究者们阐述详情，因此能够亲身体会到它们能做什么、不能做什么。我亲眼见过包括小爱在内的所有记住了人类语言的动物，像我这样的人现在应该很少了。华秀已经死了，做这个实验的加德纳夫妇也均已去世，普雷马克和朗博也不在了。也就是说，这些历史的见证人都已经相继去世了。

# 从语言习得到认知研究

1978 年 4 月 15 日，小爱第一次用手指按下计算机键盘上的按键。这个装置是从加利福尼亚大学圣迭戈分校回到日本的浅野俊夫和技术专家南云纯治辛勤劳动的成果。小爱来到研究所半年后，我们终于开始了正儿八经的研究。这个黑猩猩研究项目最初并没有名字，从正式开始研究的那天起，我们便把它称为小爱项目。

小爱项目的出发点是以文字为媒介，研究黑猩猩的语言习得。我们希望让黑猩猩理解人类使用的文字和数字，在电脑屏幕上呈现各种文字、数字符号，让黑猩猩用手指去触摸键盘上相对应的按键。

对于这个项目以"语言习得"为核心这一点，我曾经怎么都想不通。通过彩色塑料片或者电脑键盘所掌握的文字，真的可以称为语言吗？这一点未必是顺理成章的事实，还存在着各种不同的评论：有人说类人猿掌握的这种东西可以称为语言，也有人说不能称之为语言。不论哪边都有道理，都能反驳对方的观点。

因此，我尝试逆转这个思路。小爱学习的东西无论是不是语言都没有关系，我决定把研究目的变成研究方法，先教黑猩猩掌握类似语言一样的符号，然后把这种符号当作研究方法，去窥探黑猩猩的心智与认知。

于是，我确立了新的研究问题：

黑猩猩眼中看到的世界到底是什么样的？

我希望像研究人类一样，了解黑猩猩的想法和语言报告，从黑猩猩那里得到直接的答案。这才是我要努力的目标。如果研究对象是人，只要让对方说出来就可以得到答案了；然而，对于人类以外的动物，却不能靠听去了解"你看到了什么""你是怎样看到的"。但我们仍然有办法了解他们的想法。这个办法就是让他们学会类似语言的东西，借此获得用语言所做的报告，进而揭示其想法。

我用同样一套设备和方法，比较人类和黑猩猩的认知机能。这就是比较认知科学的起点。从那个时候起，我向小爱教授了图形文字、阿拉伯数字、英文字母、日文汉字，以及各种各样的符号，这个黑猩猩全都记住了。

## 黑猩猩眼中的颜色

小爱记住了红、橙、黄、粉红、棕、绿、蓝、紫、白、灰、黑这 11 种颜色的名字[①]。在电脑触摸屏上呈现出表示颜色名称的日文汉字，黑猩猩就会用手指触碰相应的汉字来回答自己看到的是什么颜色。

我尝试用孟塞尔标准色卡来检测黑猩猩的视觉，这是一种通过色调、饱和度和亮度来区分颜色的色卡。结果表明，黑猩猩和人类一样，可以识别颜色的类别。也就是说，在同一颜色类别内，不论选择哪种饱和度的颜色向黑猩猩提问，得到的答案都是一样的，黑猩猩认为它们是同一种颜色。同时，黑猩猩也存在难以辨识临界色的现象，例如对于"蓝色和绿色之间的颜色"，有的时候她回答是蓝色，有的时候却回答是绿色。

此外，语言不同，对颜色名称的指称也不同。例如，日语的"绿"、英语的"green"与法语的"vert"，各自表达的"最纯正的绿色"——也就是其基本颜色词的焦点有着微妙的差异。

如果调查世界上各种各样的语言就会明白，基本颜色词的焦点呈簇状分布，不同语言的焦点可能存在一些微妙的差异，但都包含在一定程度的色调、饱和度和亮度范围内。实验结果表明，在人类的基本颜色词

---

① 小爱记住的是表示颜色的日文汉字，分别为：赤、橙、黄、桃、茶、绿、青、紫、白、灰、黑。

焦点形成"簇"的地方，黑猩猩必定能够对该色调范围进行稳定命名。反过来说，对于黑猩猩无法稳定命名的颜色，在人类语言中也不存在对应的基本颜色词。

虽然人类的语言多种多样，但使用不同语言的人会形成同样的基本颜色词，这一点是具有认知普遍性的。而且这种普遍性并不是人类独有的，我的实验表明，黑猩猩与人类拥有同样的基本颜色词焦点。


## 识别倒置图像

黑猩猩与人类也有存在明显差异的地方，比如说，识别脸朝下的倒置照片。即使是平时见惯的熟人的照片，如果倒过来看，就很难认出是谁了。与之对应，我也调查了黑猩猩对倒置图像的识别能力。

首先，我让黑猩猩记住了 26 个英文字母。用英文字母做实验的结果显示，黑猩猩认为 E 和 F 很相像，O 和 Q、M 和 W 也很相像。

接着，我用一个英文字母代表一个人类或者黑猩猩，然后给黑猩猩出题，让她识别不同的照片，看到黑猩猩小亮的照片就选 A，看到玛丽的照片就选 M。教会了黑猩猩 5 个人以及 5 个黑猩猩的名字各用什么字母表达之后，我们进行了实验，结果表明：黑猩猩非常擅长识别同类的脸，但在他们看来，人类的脸都很相似。

我们调查了黑猩猩对正向照片及翻转了180度的倒置图像的识别能力，并与人类进行对比，要求成年人类在完全相同的条件下接受同样的测试。实验结果是：人类被试对倒置照片的判断所需时间更长，而黑猩猩识别正向照片和倒置照片所需的时间基本相同。

黑猩猩生活在森林的三维空间中，需要认知对方各种各样的体位。由此可以推测：恐怕是对这种生态环境的适应性进化，使得黑猩猩产生了与人类不同的知觉。

针对脸朝下的倒置照片的辨识，我们进行了很多追加实验，也有些研究结果发现黑猩猩存在识别倒置照片比识别正向照片更困难的情况。看来这一点还有必要进一步加以研究。

## 记忆数字

小爱是世界上第一个会用阿拉伯数字表达数量的黑猩猩。

例如，给她看3个茶杯，她会在电脑屏幕上选3；给她看5支铅笔，她会选5。如果在电脑显示屏上显示数字，她会从最小的数字开始，按照从小到大的顺序依次点击。她可以理解1、2、3、4、5、6、7、8、9

的基数性质与序数性质，如果像 2、3、6、8、9 这样不相邻的数字出现在屏幕上，她也会从最小的数字开始，按照升序依次点击。

学习到这儿，有一天，我尝试稍微刁难她一下，在她选了第一个数字"2"之后，我用白色的正方形替换掉了剩下的 4 个数字。然而，小爱依然点击了"3"原本所在的位置，然后是"6"原本所在的位置……就这样按照数字从小到大的顺序点击了各个白色正方形。这个任务非常难！黑猩猩记忆数字的话题，稍后会详细介绍。


## 这就是比较认知科学

上面所说的这个实验是小爱项目的原型认知研究，借助语言符号，比较黑猩猩与人类看到、认识以及记忆的东西。也就是研究黑猩猩的心理状态，并与人类进行比较。这一研究有三个要点。

· 黑猩猩独自面对电脑屏幕，解答屏幕上显示的问题，实验者基本不参与和干预实验过程。因此，这是极其客观的研究。

· 使用人类容易理解的汉字、数字、阿拉伯数字等视觉符号，以人人都可以理解的方式，诱导出黑猩猩看到的世界。

· 在同样的场所，使用同样的装置，采用同样的实验程序，可以采集人类被试的数据，与黑猩猩的数据直接进行对比。

简单来说就是：使用客观的方法，以通用的标准，把人类与人类以外的动物的认知进行对比。这就是比较认知科学这一学科的出发点。

03

# 走进非洲

虽然是我个人的私事，但是需要提一下，我的两个女儿分别出生于 1981 年和 1983 年。同一时期，也有三个黑猩猩宝宝诞生，分别是 1982 年出生的波波和雷欧，以及 1983 年出生的潘。我同时对两个人类（我的女儿）以及三个黑猩猩进行了比较研究，发现了相似点，也发现了不同点。

但要明确说明的是，在人类的家庭环境下养育黑猩猩并与人类进行比较，是不公平的，因为人类养育的黑猩猩宝宝没有自己的妈妈。

而我想了解的，是由真正的黑猩猩妈妈抚养的小黑猩猩的情况，也就是他们真实的野生生活情况。

于是在 1986 年，我前往非洲，观察野生黑猩猩。从那时开始，我把逐渐积累起来的比较认知科学的研究方法向野外拓展，后文中我会详细讲到，我是如何把野外实验和参与观察法结合在一起，形成了全新的研究方法，在研究黑猩猩的心智以及全面了解黑猩猩这个物种的尝试中又踏出了崭新的一步。

# 把握学术休假的良机

灵长类研究所的前辈、当时是副教授的杉山幸丸对我说：

"想不想去看看野生黑猩猩？"

那时，小爱项目已经步入正轨，研究工作正好告一段落。我觉得，要研究黑猩猩，首先应该去看看野生黑猩猩的生活，杉山老师的邀请正是一个求之不得的好机会。

## 去美国留学

我已决定在 1985—1987 年去美国待两年。从夜以继日地埋头面对黑猩猩的研究中解放出来，正好需要恢复一下元气，展望未来新机会。于是，我便决定利用这个时机，去一趟非洲。这是日本文部省，也就是现在的文部科学省的"海外研究员制度"给予的机会，用欧美的流行说法就是"学术休假"。工资和在校时一样，但可以在海外自由地做自己想做的研究，真是千载难逢的好机会啊！

日本曾在明治初期，把年轻人才送往欧美进修，让他们长期在外学习西洋文化，如邮政制度、司法制度、军队事务、医疗技术等。这种不断向海外派遣人才的传统，由日本政府的文部省保留下来。因此，我在第一年领取政府发放的津贴，接下来的一年则获得了宾夕法尼亚大学的资助，得以到戴维·普雷马克的实验室留学。

普雷马克就是用彩色塑料片教黑猩猩莎拉学语言的那位老师。其实，之前我便与普雷马克见过面。小爱项目启动后，听说了这项研究的普雷马克碰巧来日本，专程到灵长类研究所参观了黑猩猩小爱学习的情形。

灵长类学是一门日本在全世界占据中心位置的学科。通常情况下，日本的很多学科都是在追赶欧美或渐渐超越欧美，而在灵长类学领域，却是日本始终领先于世界，至今也依然算是领先集团的一员。日本灵长类学的研究据点就是京都大学。以今西锦司为带头人，伊谷纯一郎、河合雅雄为第一代研究者，接下来的一代则是杉山幸丸、加纳隆至、西田利贞，这几位京都大学的教授创造了历史。我则是再下一代的接班人。顺便说一下，京都大学的校长是研究大猩猩的山极寿一，他比我低一个年级。

虽然灵长类学是一个小学科，但是，京都大学很清楚灵长类研究所的优势。由于灵长类研究所走在了世界的最前端，哪怕只是坐在那里等着，海外的知名研究者也会前来拜访。号称"李奇三女杰"①的三位研究者——研究黑猩猩的珍·古道尔、研究大猩猩的戴安·弗西（Dian Fossey）和研究猩猩的比鲁婕·嘉迪卡丝（Birutė Galdikas）全都来访过灵长类研究所，我在所里与三位都见过面。设计斯金纳箱的著名行为心理学家斯金纳（B. F. Skinner）也来过灵长类研究所，专程来看黑猩猩小爱。普雷马克也是这些到访学者中的一位。

## 阿米什人的文化传承

普雷马克老师所在的宾夕法尼亚大学位于美国东海岸的费城，他的黑猩猩研究设施位于从费城往内陆方向的兰开斯特，在那里住着笃信基督教新教的门诺派教徒——阿米什人，他们靠经营奶酪农场为生②。阿米什人乘坐马车，不使用汽油，恪守教规，拒绝以现代文明的方式生活。

---

① 李奇的"猩猩三女杰"（the Trimates）是指三位杰出的女性研究者，由英国人类学家路易斯·李奇（Louis Leakey）亲自挑选，分别研究黑猩猩、大猩猩和猩猩，别称"李奇三天使"（Leakey's Angles）。

② 阿米什人是一群过着极其简朴而严格的乡村生活的新教徒。他们并不排斥科技与进步，但是不愿利用现代科技带来的便利，身着简单的服饰，过着简朴的生活。

我当时住在一个人口不到1200人的小镇上，小镇名叫蜂蜜溪，居民全都是金发碧眼的白人，没有黑人，也没有亚洲人。长着黑色头发的就只有我们一家四口。

我们家的周边都是农耕地，种着玉米和小麦。阿米什人的男性大多是农夫，主要喂养奶牛，生产奶酪，基本上都过着自给自足的生活；女性则是家庭主妇。在阿米什人中，一对夫妇身边一般会有7个以上的孩子，母亲要负责操持一个孩子众多的大家庭。

当时，我对当地的"一间房学校"抱有浓厚的兴趣。附近大约30户农家聚在一起，建了一所只有一个房间的学校，所以叫作一间房学校。在这所学校里，一个班上从一年级到六年级的学生都有，以复式编班的模式运营。

老师只有一位，是个年轻的女老师，要教30名左右的学生。实际上，她就是在同一校区的某个家庭里成长起来的一位20岁左右的女性。老师小时候也是在这所学校里学习的，学生中还有自己的弟弟妹妹，使用的课本则是居民们筹措资金购买并一直沿用下来的旧教科书，教的是自己当年学过的知识。因此，即使只有一位年轻女性，也足以胜任教师一职。学校也成了她练习如何在结婚后操持家庭的场所。

在美国还有这样一群恪守着文化传统而生活的人，而政府也认可如此缤纷的多样性，美国的深邃内涵真是令人赞叹！

我在那里生活了近两年，与阿米什邻居们也逐渐熟悉起来，还几次拜访过住在附近的朗茨先生的家，他的妻子名叫莉迪亚·朗茨。朗茨先生是个农夫，妻子则负责生儿育女，十分忙碌，他们是典型的阿米什人。阿米什人以缝纫闻名，可以在一块大大的布上，一边说话，一边不停手地缝下去。

我还曾经在他们家里住过，因此非常了解他们的生活节奏。农夫早上起得很早，4点便出去挤牛奶，然后打扫牛舍，喂干草给牛吃，喂牛的干草也是自己用玉米叶做的。白天，他还要到地里去干农活。晚上睡得也很早，天一黑就开始准备睡觉了，基本不点灯，以免浪费煤油。

哪怕只有刹那的空闲，他们都会读书。我偷偷地看了一下，原来是在读《圣经》。阿米什人信奉基督教，在生活中万事皆依据《圣经》教义。基督教里有人把神父称为牧师，而阿米什人不承认牧师这个职业，因为在《圣经》中没有关于牧师的记载。召集教会的人由大家轮流担当，起到牧师的作用。因此，阿米什的成年男性为了牧师的职责，非常热衷于阅读《圣经》。我还被邀请参加了周日的礼拜，桌布上没放盘子，只摆着一排面包，没有叉子，只有刀。虽然我不知道这是基于《圣经》的哪一部分内容，但他们的生活细节全都会依照《圣经》原文来安排。

阿米什人的家里有很大的粮仓，墙上从上到下都是密密麻麻的架子，上面摆放着很多瓶瓶罐罐，全都是他们自己做出来的东西。种小麦，做成面包烤着吃，挤牛奶喝。赶蝇饼（shoo-fly pie）是美国阿米什人世代传承下来的一种蛋糕；他们的沙士啤酒也很好喝，虽然名称里有"啤酒"二字，但其实并不是酒，因为阿米什人不喝含有酒精的饮料。沙士的味道真是令人怀念！

说了这么多，我还是对一间房学校的兴趣最浓厚——一位老师，独自一人在一间屋子里教一至六年级的学生。

实际上，我的父母都曾当过小学老师。我们家有三个男孩子，我排行最末。我们都是日本爱媛县松山人，战后不久，父母怀揣青云之志来到了东京，应该是想让孩子们在东京接受教育吧。我刚懂事的时候，一家人住在东京下町的深川，由于父母是教师，我们一家五口的寄身之处是只有一个房间的教师宿舍。晚饭的时候，父亲会开始说"今天，咱家的孩子们……"，母亲也会应着说"咱家的孩子们……"。这里的"咱家的孩子们"指的是他们在学校教的学生，而不是指我们兄弟三人。从幼时起，我们家庭话题的中心就是学校啦、教育啦，如此等等。

阿米什人在一间教室里开展教育的根本原则可以理解为示范、模仿与反复操练。对学生们来说，老师是年龄最大的姐姐，而且教室里的孩子中真的有这位老师的弟弟妹妹。老师教一年级学生的时候，六年级的学生就照看二年级的，五年级的教三年级的，四年级的在自习，教材都是老师自己还是学生的时候就使用过的，内容一点也没变，是阿米什人刻意在美国搜寻到的，很久以前就开始使用的教科书。

老师给学生做示范，内容都是些自己还是学童的时候所学的东西，原模原样地示范出来，学生们就照着老师教的做。比如说，他们也有绘画时间，但教育模式与日本经常有的那种"创造性发挥""自由绘画"完全相反，必须严格地在指定的线框中涂上指定的颜色。老师把自己所学的东西原模原样地教给孩子们，孩子们也依照老师提供的模板进行模仿，就这样日复一日，反复练习基础性的操作。

通过对阿米什人的生活见闻，我自然而然地对文化与文化传承进行了深刻的思考。不久就要去大开眼界，目睹野生黑猩猩使用石器的文化了，我从阿米什人那里学到的东西简直就像是事先计划好的预定和谐（scheduled harmony）① 一样。

---

① 预定和谐是德国 17 世纪哲学家、数学家戈特弗里德·威廉·莱布尼茨（Gottfried Wilhelm Leibniz）提出的术语。他在《单子论》中提出：上帝在创造每一个单子，即灵魂时，已预见到一切单子的发展情况，预先做好安排，使每个单子都各自独立地变化发展，同时又能自然地与其他一切单子的变化发展过程和谐一致；既使每个单子自身得到发展，又不破坏整体的连续性。

# 第一次走进非洲

现在，让我们从美国前往非洲吧。

日本人看惯了的世界地图是以日本为中心绘制的。在这样的地图里，美洲在地图的右侧，非洲在左，给人的印象是，美洲和非洲天各一方，都是非常遥远的地方。

然而，真实的情况却是，地球是圆形的，用墨卡托投影绘制地图，再把两端收拢成圆形，才能接近地球实际的样子。美洲与非洲其实是毗邻的，正如大陆漂移说所讲的，这两块大陆就像拼图碎片一样，几乎能恰好拼在一起，南美洲的巴西突出的地方，恰好能塞进非洲大陆的几内亚湾凹进去的地方。也就是说，远古时期，美洲和非洲是紧紧贴在一起的，如今两块大陆之间虽然隔着大西洋，但也离得不算远。

杉山幸丸开拓的野外调查基地在博所村周边的森林里，位于几内亚境内。

2015年，因埃博拉出血热导致几内亚1万多人死亡，也许大家对此还记忆犹新。这个国家位于西非，从美国东海岸出发，距离非常近。

当时，我在宾夕法尼亚的访学进行得非常顺利。那是1986年2月，我从纽约出发，飞往几内亚的邻国利比里亚的首都蒙罗维亚。利比里亚的国名源自"liberty"（自由），蒙罗维亚则源于美国总统门罗（James Monroe）的名字，大名鼎鼎的"门罗主义"也是以他命名的。门罗解放了一批黑奴，鼓励他们返回利比里亚，建立美国的殖民地，后来独立建国。从美国移居到利比里亚的富有黑人大约占当地总人口的4%，却支配着占这个国家多数人口的当地黑人，因此很快便出现了各种各样的问题，在20世纪90年代更是爆发了内战。不过，我去的时候刚好是在内战之前，尚处于和平时期。

利比里亚的蒙罗维亚是距离我们的最终目的地博所最近的大都市，交通也很便利。而且因为利比里亚建国的原委，英语成了当地唯一的通用语。但从语言学角度看，这里讲的是类似洋泾浜英语、克里奥尔式英语的非标准英语，经历了100多年的变化，逐渐演变成一种可以称为利比里亚英语的独特语言。重点在于，我们根本听不懂。

"参持达拉。"

才走出机场一步，出租车司机就拉着我们往市中心跑，然而到了谈价钱时，完全无法交流。我花了好半天时间才弄明白，那个"参持达拉"是 30 美元（thirty dollar）的意思。

这可是我第一次到非洲啊！根本没有日本人、只属于我一个人的非洲！经常有人问我："当时心里觉得害怕吗？"但实际上并没有问题，我最终平安无事。

年轻的时候，我经常去登山，还曾登过喜马拉雅山。我登顶了耸立在尼泊尔和印度边界的世界第三高峰——干城章嘉峰。当时我 22 岁，是经由印度去的，那是我人生中第一次坐飞机，也是第一次出国，而且是一个人携带着大量现金，深夜抵达新德里机场。刚一出机场，我就被出租车司机团团围住了，他们抢着拉我的行李，让我觉得自己好像被强行绑架了一般。

跟深夜中险象环生的印度相比，我到达利比里亚时正是悠闲的白天，听不懂对方的英语也算不上什么问题。

我在首都蒙罗维亚的市场转了几圈，发现市场上在卖一种黑黑的、大颗大颗的饭团子状的东西，心想这到底是什么啊？定睛一看，居然是猴子的头。当地人会把猴子的头风干后，放在盘子里卖，听说是放进汤里吃的。我就这样四处逛着，终于找到了开往内陆的公交车站。

第二天早上，我乘坐公共汽车从蒙罗维亚出发。车里塞满了人，车厢中散发出浓烈的体臭，人与人肌肤相贴，那气味辣得人眼睛都花了。雪上加霜的是，由于道路颠簸，我终于吐了出来。

公共汽车顺利抵达了终点的村子，然而还有新的问题需要解决。我想要包车穿过利比里亚国境，因此必须与当地人讨价还价。与当地人交涉的时候，我点着烟卷，装作有钱人的样子，劝对方也来一支烟："抽一支吧！"年轻的时候，我从在马来西亚登山的前辈那里学到了这种交涉手段，于是有样学样。自尼泊尔以来，这是我人生中第二次抽烟。

交涉好后，公共汽车上只剩下了我一个人，我独自坐车穿越了国境。国境处是一片茫茫的草原，黑色的人们坐在石头上，顶着烈日休息。他们的时间很多，又没什么事情做，只能靠闲谈打发无聊，就这样一直坐到将近黄昏。

夜色茫茫，我终于抵达了博所村，刚好做完调查的杉山幸丸出来迎接我。那时我 30 多岁，而杉山老师已有 45 岁左右。老师借住在村长家的一个房间里，再往那个房间里搬张床，我就也住进去了。这就是我对非洲的第一印象。


## 森林中的漆黑毛发


紧挨着借来的房子背后，有一座叫作"邦"的小山，山上有郁郁葱葱的森林。我爬上了那座山，由于动作很急，到最后，心脏就像要从胸腔里跳出来了一样。当时我是挂着绳子攀上去的，在各地登山积累的经验帮了大忙，让我可以直接拉着绳子往上登。我心想，黑猩猩野外调查真是有趣啊！

虽然在人们的印象中，非洲是一幅炎热的莽莽丛林的图景，但几内亚的森林其实很凉爽，白天最高气温为 28 摄氏度左右，最低气温为 22 摄氏度左右。旱季从 11 月开始，到次年 3 月初结束，其间基本上不下雨。走在森林里，虽然也会汗流浃背，但总有清风习习，就像是在初夏的北轻井泽、北八岳的感觉。

第一次见到野外黑猩猩的身姿，是在邦山的山顶，那情形在我的脑海中依然历历在目。那是从一棵树荡过另一棵树的黑猩猩妈妈和她的孩子，朝阳刚刚从东边的宁巴山上方升起，这对母子漆黑的毛发在阳光下熠熠生辉，太美了！

我给正爬过树枝的母亲取名为吉莉，她 2 岁的女儿取名为小佳。大概在我眼前 5 米高的地方，她们在新叶茂盛的树上荡着，一下子就到了另一棵树上，那一刻，我深深地体会到了"自由"一词的含义。野生黑猩猩好自由啊！他们在森林里自由活动，这片森林的主角是黑猩猩，而我是黑猩猩的观察者。我要变成树，变成石头，变成风，要融进大自然中，守护黑猩猩。我对野外研究有了实实在在的体会。

## 老师突发急病

我紧握双筒望远镜，眼睛追随着黑猩猩的身姿。一不留神，身边的杉山老师一屁股坐下去就不动了。我连忙叫道："您怎么了？"他回答说觉得很冷，身体开始瑟瑟发抖。我震惊不已，立刻把他送回了村长家的那间屋子。

哪怕外行人也知道，这是疟疾。得了疟疾的人不仅会冷得发抖，还会发高烧。我把毛巾拧干，放到老师的额头上。随后，他开始忽冷忽热，口干舌燥。才刚到非洲，和我相依为命的老师就得了疟疾。

疟疾是疟原虫引发的疾病，经由蚊子传播，得了疟疾会发高烧。如此反复几次后，老师的病情终于略有缓解，稍稍稳定一点后，我斟酌时机，开始和老师讨论善后处理的办法。那个时候不像现在，还没有可以治疗疟疾的普及药物。有一种叫作氯喹的奎宁药可以治疗疟疾，但是无法彻底治愈。我当即做出决定，必须尽快将老师送往医院就医。

准备好了汽车，我们赶往离博所最近的城市恩泽雷科雷。当时苏联和几内亚是友好国家，我送杉山老师乘上苏联的军用飞机后，第一次非洲之旅就只剩下我自己孤零零一个人了。

## 博所村的故事

我的向导是古阿诺和提诺，他们两位比我稍稍年长一点。几内亚以前是法国殖民地，通用语是法语，我上大学的时候，先后学习了英语、德语和法语，法语是我的第三外语，仅仅学了发音和语法，我就用半吊子的法语和他们交流。

博所一带住着大约 20 个黑猩猩，我把黑猩猩的名字告诉向导，教他们识别每一个个体。博所的森林属于热带雨林，生长着多种多样的植物，大概有 600 种，黑猩猩会食用其中约 200 种，因此我也必须记住这些植物的名称。既要记住向导用当地马诺语所说的名称，也要记住学名，也就是拉丁文名称。

每天，我都和两位向导一起进入森林，四处转悠，寻找黑猩猩的踪迹。找不到的时候，我们就席地而坐，静静地等待，时间长的时候大约要等两小时，大抵就能听到黑猩猩们吵吵闹闹的声音了。小黑猩猩们在一起待不了多久就会吵架，这时他们的妈妈会介入，接着，成年雄性也会掺和进去，结果便会闹得不可开交，吵吵嚷嚷。这样的场景很常见。

在等待黑猩猩的时候，提诺告诉我，他出生于 1945 年，但并不清楚具体的日期。几内亚是 1959 年独立的，在他的青少年时期，这里还是法国的殖民地，他用头顶着装满了咖啡豆的沉重袋子，徒步去往很远的康康（几内亚第二大城市）。他们是马诺人，过去曾有猎取人头的习俗，也就是不同部落之间发生战争，要把对方的首级砍下来，听说这是勇者的证明。

听了这样的故事后，当天深夜，我听到一群人蹑手蹑脚地走过来，脚擦着地面，发出"沙沙沙"的响声。接着，"咚咚、咚咚"的鼓声响起。发生了什么事？鼓声是从我住的那户人家周围开始的，由于白天才听说了猎取人头的风俗，我已经吓得心惊肉跳了，连忙打开头戴式照明灯，弄出点光亮来。睡觉的时候，我总是穿着衣服、戴着头灯，躺在睡袋里，把鞋子放在伸手就能够到并马上穿好的地方，随时做好了可以从睡袋里跳出来的准备。这是在登山俱乐部时住帐篷养成的习惯。

"沙沙沙"的脚步声又响了一阵子，绕着房子周围走了一圈后，渐渐往远处去了，只剩下鼓声回荡入耳。我一个盹儿都没打，熬了一整夜，终于迎来了朝阳。像往常一样，向导提诺来了，他告诉我昨晚有一位上了年纪的女性去世，葬礼的队列围着她家转了一圈。

孤零零一个人待在非洲的日子里，我一边观察野生黑猩猩，一边和村里人漫无边际地闲聊打发时光，突然意识到："啊，时间过得好快啊！"

## 登上宁巴山

远远望去，可以看到村子东边有一座高山。那是宁巴山，被联合国教科文组织认定为世界自然遗产，不过我去的时候，宁巴山还没有获得这个称号。我去登了宁巴山，通过亲身体验，了解了这座山的高度、登山路线、登顶所需的时间等。

如果用京都的登山体验来打比方，登宁巴山的感觉类似登比睿山。大学时代，我从京都百万遍（地名）放眼望去，看到的比睿山就和此刻的感觉有点相似，只是宁巴山要更远一点。如果使把劲的话，可以在一天之内走个来回。

在两位向导的带领下，我和几内亚当地的研究者杰瑞米·科曼（Jérémy Koman），一行四人登上了宁巴山。在那个时候，还从来没有日本人登上过宁巴山，我是第一个。

我很重视那次登山，头天晚上就住到了宁巴山麓的尼奥村里。我们大约花了一个小时走到村里，住了一晚，第二天一大早，天还没亮就借着头灯的灯光启程了。途中，我们脱掉鞋袜，光着脚蹚过了一条大约5米宽的小河，过河之后，沿着常有人走动而踏出的小径，便一直走到了山脊线处。这条路也是几内亚的邻国科特迪瓦那边村子的贸易路。

从这里开始，沿着长长的山脊线往北爬上去，就到了从博所村可以看到的天际线边的那段山脊。宁巴山耸立于三国交界处，这条山脊也是国境线，山脊的左边是几内亚，右边是科特迪瓦，我们的背后，也就是南边，则是利比里亚。

离开森林地带，山脊变成了一片缓坡上的草原。我心想：这条山脊线到底绵延到哪里呢？我们一直沿着山脊继续攀登，最后来到了山顶上。

从博所看不到山的另外一侧，原来那里是黑漆漆的广袤森林。从地图上看，这片森林大概有 300 平方千米，这个地点对于研究居住在非洲热带雨林中的黑猩猩来说，非常珍贵。就这样，这里成了研究山岳地带黑猩猩的场所，我当时就下定了决心：将来一定要回到这里。实际上，后来，我指导英国斯特灵大学研究生院的塔季扬娜·胡姆勒（Tatyana Humle）和剑桥大学的硕士研究生凯瑟琳·库普斯（Kathelijne Koops），在宁巴山开始了野生黑猩猩的研究。

**04**

---

# 在博所的
# 森林里

我的比较认知科学研究，是野外研究和实验研究同时进行的。下面我会介绍通过我独创的研究方法所观察到的野生黑猩猩的生活。我的研究场所在西非几内亚的博所村，研究对象是生活在获得了世界自然遗产称号的宁巴山的村子附近以及周边地势较高的森林中的黑猩猩。

博所黑猩猩的特征是使用石器。他们可以用一块砧板石和一块锤子石作为石器，砸开油棕果核坚硬的外壳，吃掉里面的果仁。

使用工具曾经被认为是人类独有的特征。现在，我要围绕工具使用这个问题，介绍一下博所野生黑猩猩独特的日常生活。

# 使用石器的黑猩猩

曾有欧美研究者发现过动物使用石器砸东西的痕迹，但是，第一个在实地观察到黑猩猩使用石器的人是杉山幸丸，他还用英语写了论文，报告了这一研究结果。

石器使用这种行为有两个有趣之处。首先，石器是野生黑猩猩使用的最复杂的工具。其次，石器的使用表明黑猩猩之间存在文化传承。只有博所的黑猩猩会使用石器。非洲其他区域的黑猩猩，例如，坦桑尼亚贡贝和马哈雷的黑猩猩，虽然身边有油棕的果核，当然也有石头，但是他们绝对不会用石头砸开果核，吃里面的果仁。

需要说明一下这种叫作油棕果核的东西。在油棕树上，红色的果实结成串，每串可能有300多个，每个果实的大小宛如粗粗的大拇指指头，果实中间有个大大的黑色的核。整串果实结在油棕树腋处，人类可以爬上树把果实砍下来。油棕果实的外侧长着薄薄的一层红色果肉，这种果肉富含脂肪，可以榨出大量棕榈油。棕榈油可以食用，也是制作人造黄油的材料，护手霜、洗涤剂中也都添加了棕榈油。

博所的黑猩猩和其他区域的黑猩猩都会吃油棕果实外面的红色果肉，但果肉包裹着的坚硬果核需要用石头砸开，用树枝把果仁挑出来吃，只有博所的黑猩猩有这种行为。

油棕的果仁也富含脂肪，可以从果仁里榨出透明的油脂。博所村的小孩子们会用石头砸开油棕果核，把果仁取出来当点心吃，博所的黑猩猩也一样。

黑猩猩用石头砸开油棕果核的行为，只在这个区域被发现过。工具的使用是有文化的。就这样，我成了发现黑猩猩石器使用文化的先驱。日本人用筷子吃生鱼片，但并不是所有人类都会用两根木棒做工具来吃生鱼。吃什么东西、使用什么工具来吃，因地域不同而不同。因此，各个地域有着各自固有的文化与传统。黑猩猩的工具使用也因地域不同而有着不同的文化传统。

## 野外实验法

下面介绍一下"野外实验"这种研究方法。这个方法是我为了详细地调查研究黑猩猩使用石器的情况而想出来的。

最初进行野外实验的场所叫作"亿拉广场"。那个地方是以阿林山榄命名的，阿林山榄在马诺语里就叫作亿拉。那里有棵大树倒了，我们又砍了一些小树，构成了一个视野开阔的广场。黑猩猩们频繁来到这个广场，相互理毛，雨过天晴的日子还会来这里晒日光浴。

　　我在那里放置了油棕果核和石头，静心等待他们的到来。果核和石头都是我放的，而不是原本就有的，因此严格来说，这是人类所做的实验。为了了解石器使用的实际情况，在野外设置一点点条件，如此设计的实验就叫作野外实验。

　　就像往常一样，亿拉广场来了一群黑猩猩。有一个名叫普鲁的小黑猩猩眼睛很尖，发现了果核与石头，马上就拿起石头开始砸油棕果核。我拍摄了录像，采集了研究数据。这是人类第一次成功使用摄像机拍摄到黑猩猩使用石器的实况，那时是 1988 年，距今已有 30 多年了。为了让录像更清晰，我端着三脚架缓缓移动，到了离普鲁大约 20 米的地方时，他发现了我，于是"嗖"的一下逃跑了。

　　这之后，我就在邦山的顶部开辟了野外实验室。我给它起了个法语的爱称，叫作"碧罗办公室"（Bureau），它是由已故的伏见贵夫在研究生期间辛勤劳作建起来的。1989 年的时候，我们的实验形式是躲在用草搭的篱笆后面，等着黑猩猩。自从碧罗办公室建成以后，我们便可以聚在办公室里采集黑猩猩的石器使用数据了，拍摄到的图像清晰，效果非常好。

野外实验这种研究方法有两个特征：第一是自然，可以在野生黑猩猩的栖息地自然地观察其行为；第二是可以做实验，给黑猩猩提供什么果核、放在哪里、提供什么形状的石头，都可以成为实验条件。在我们准备好之后，乍看上去，那些东西完全是自然而然就应该出现在那里的，但油棕果核和石头实际上是研究者摆放的。就这样，我确立了野外实验的新范例，从那时起，我们有了各种各样的新发现。

## 有关利手的发现

我用野外实验的方法详细调查了黑猩猩石器使用的情况，第一个发现就是黑猩猩有利手[①]。

用左手握锤子石的黑猩猩，不论什么时候都用左手，不会改用右手；而使用右手的黑猩猩则一直都是用右手握锤子石。也就是说，我在人类以外的动物中发现了 100% 确定利手的现象，不是哪只手使用得更多的问题，而是一直使用同一只手。人类之外的动物居然也有利手！

为什么利手是很了不起的事情呢？因为利手与大脑有关。所谓的利脑就是经常使用大脑的哪个半球，而大脑左右半球的功能是不同的。通

---

① 利手是神经生物学术语，指运动、行为中的惯用手，习惯使用右手的叫右利手，习惯使用左手的叫左利手。

过大脑功能受限的患者，我们已经知道左半球受损会对身体的右半边带来影响，而右半球则掌管着左半边身体。人类中大约九成是右利手，受左脑支配，左脑是语言中枢所在之处，也掌控着精细动作，包括舌头的动作、发声等。在黑猩猩中，大约有三分之二是右利手，其中的理由还不大清楚。

我决定，每年12月到次年1月，也就是博所处于旱季的时候，都去进行野外实验。此时连续晴朗的日子多，又逢果实成熟的季节，便于观察。

我的很多学生都参加了这个野外实验项目，包括中村德子、多拉·比罗（Dora Biro）、葡萄牙的克劳迪娅·索萨（Claudia Sousa，后来她在里斯本大学担任副教授，很遗憾于2014年病故）、苏珊娜·卡瓦略（Susana Carvalho）、林里美等。

我们这个团队的成员，每年一点一滴地观察、积累数据，由此便能看到黑猩猩的成长变化。在幼年时期，黑猩猩无法自己砸开果核，而且在那个年龄段利手还没有完全确定，他们有时候也会使用另一只手。最快在3岁半、最晚在7岁时，黑猩猩便会逐渐掌握砸开果核的技巧，平均在4～5岁时就会使用石器了。

整理长期调查的结果，可以发现一些非常有趣的事情。首先，虽然并不知道黑猩猩是如何确定用哪只手做利手的，但是我们发现，兄弟姐妹的利手都是相同的，而父母与孩子利手的搭配，则会出现各种可能。父母右利手、孩子右利手，父母右利手、孩子左利手，父母左利手、孩子左利手，父母左利手、孩子右利手，所有的情况都出现了。但是，同一个妈妈生下的兄弟姐妹的利手百分之百是相同的，这个结论可以说是板上钉钉。

如果解读数据，可以认为这是因为兄弟姐妹们学习石器使用的环境相同。由同一个妈妈抚养的孩子，成长环境要么完全相同，要么极其相似。也就是说，黑猩猩到底是右利手还是左利手，并不是由基因决定，而是由环境因素决定，造成偏差的是妈妈提供的养育环境。正是因为学习使用石器的环境相同，所以兄弟姐妹的利手也相同。

# 除了石器，还有哪些工具

下面我会介绍黑猩猩使用石器之外的工具的情况。

## 钓蚂蚁

黑猩猩会钓蚂蚁吃，这种蚂蚁是狩猎蚁，也叫行军蚁。行军蚁总是成群结队地前进，整条路上都是移动的蚂蚁，数也数不清。

黑猩猩会试着用一根小棍子向蚁群的正中间插下去，这个"入侵者"让行军蚁大吃一惊，于是便纷纷咬住它不放，在棍子上形成了黑压压一团巨大的蚂蚁群，外观就好像黑色的棉花糖。大家可以想象一下，棉花糖吃掉一部分后，只剩下不多的一些粘在棍子上的样子。黑猩猩用嘴一撸，便吃掉了这个"蚂蚁棉花糖"。

我也试着尝了一下，蚂蚁在口中咯吱作响，如果想要慢慢咀嚼，口腔黏膜就会被蚂蚁紧紧咬住，因此不得不赶紧吞下去。这可绝不是什么好吃的东西。


## 捞水藻

在博所的黑猩猩族群中，还首次发现了一种独有的工具使用形式，那就是捞水藻。在小池塘里，黑猩猩会用细棍子捞食大量繁殖的水绵。

这个行为不仅需要使用工具，我们还观察到了制作工具的过程。在水池边茂盛的野草丛中，长着蕨类植物，黑猩猩喜欢用它们的叶子制作工具。请在脑海中想象一下蕨类植物的叶子：中间有一根茎，茎的左右两边长着小小的复叶。

黑猩猩来到池塘边。水面上漂浮着水绵，要想把水绵捞上来，就需要好使的工具。于是，黑猩猩爬到茂密的草丛中，拔起蕨类植物的茎，把根部咬掉，只留下长有复叶的那部分，再用手一捋，把叶子去掉，就做成了一根长度约为 50 厘米的捞棒。

黑猩猩单手拿着捞棒，伸到水面下往上一捞，就把水绵捞了个正着。用蕨类植物的叶子做捞棒的好处是：茎的两侧去掉叶子后会留下一个个小突刺，就像是钩子，能够牢牢地挂住水藻。

我也尝了那水藻的味道。虽然看起来像青苔一样，但是放到嘴里——啊呸，满嘴都是泥味，我差点哇的一声吐出来，想尽办法好不容易咽了下去，残留在嘴里的味道依然很难闻。这也绝对不是什么好吃的东西。

## 捣油棕

爬上油棕树，就可以把长长的叶子从根部拔下来。但叶子的叶柄很粗大，要想砰的一声拔下来，必须花很大的力气。叶柄的根部很柔软，黑猩猩会先把那部分吃掉，剩下大约 2 米长的叶柄，则可以当作杵，把油棕树顶的嫩枝条捣碎来吃。

黑猩猩一只手"咚咚咚"地捣着，另一只手把嫩枝舀起来吃，一点一点地往下刨，直到一只手的手肘深深插入油棕树顶生长嫩枝的那个部位。他们吃那些嫩枝时，汁水滴滴答答地流下来。大家一定吃过切得细细的腌卷心菜丝吧，黑猩猩所吃的东西看起来跟那个很像。

看到黑猩猩吃得津津有味的样子，我也很想尝一尝，觉得应该多少会有点好吃吧？然而黑猩猩吃漏了掉下来的叶柄残渣，并没有什么特别的味道，非要描述的话，就好像是生啃带皮的竹笋。


## 用树叶喝水

黑猩猩会用树叶或者草叶从树干上的洞里取水喝。博所的森林位于小山上，没有湿地里那么丰富的水资源。虽然黑猩猩经常吃叶子、水果，但还是需要喝水。在森林里比较容易弄到的水，就是储存在树洞或者树干裂缝中的雨水。

由于水藏在树洞或者树干裂缝中，没有足够的空间用手把水捧起来，也不能伸头进去直接用嘴喝。黑猩猩想出的办法是，把树叶当作海绵来使用，用一只手把树叶浸到树洞或者裂缝中，待树叶吸饱水后，再拿出来送到嘴里。

只要把树叶放到嘴里，闭紧嘴巴，使劲一嘬，就能喝到水了。喝完之后，再次单手把树叶放到水中，吸饱水后放到嘴里嘬。这样反复几次，黑猩猩就能喝饱了。

针对黑猩猩喝水，我也做了野外实验。我在树干上刻意钻了一个洞，再往洞里灌水，一直把水灌到与洞口齐平，将要溢出来为止。然后就等黑猩猩来喝水了。黑猩猩果然用树叶喝了水。他们很喜欢用一种叫作糙竹芋的草本植物的叶子来喝水，糙竹芋的叶片又宽又大，可以弄到很多水喝。

等黑猩猩离开后，我立刻拿着聚乙烯量杯去现场测量水量。我用量杯量水，然后往树洞里灌，再次灌到水要从树洞里溢出来的程度。做准备的时候，水也是灌到溢出为止，已经把损耗水量考虑在内了，因此，灌回去的水量就等于黑猩猩喝掉的水量。

就这样，我们通过野外实验发现，一个成年黑猩猩要喝掉 1 升水，用树叶做工具，一次可以喝大约 30 毫升。

我也试着用黑猩猩的方法弄水喝。水的口感清凉，满嘴还弥漫着树叶的清香味道。我想，也许黑猩猩用树叶取水不仅是单纯为了喝水，他们也喜欢这种淡淡的叶子的香味吧。

# 伙伴之间的互帮互助

## 过马路

继工具使用之后，让我大开眼界的是黑猩猩排队过马路的情形。有一条宽宽的道路纵贯博所村，把村子切分成东村和西村，这条路的两边就是博所森林。黑猩猩可以从西边的邦森林到东边的该隐森林去，也可以从该隐森林到邦森林这边来。要从一边前往另一边，就要穿过这条路。黑猩猩过马路的情形我偶然碰到过好几次。

道路危险重重，人来人往，汽车、摩托车都在道路上奔驰。黑猩猩们会在道旁的草丛中止步，一个个确认周围的动静，然后慢慢地、静悄悄地过马路。

偶然碰到了这样的场面后，我留心用摄像机拍摄了黑猩猩从准备过马路到实际过马路的过程。第一次用摄像机拍摄到这种列队的视频是在

1988 年，我和佐仓统的合作研究中。之后，当时还在英国斯特灵大学读博士的金伯利·霍金斯（Kimberley J. Hockings）对这个行为很感兴趣，做了详尽的解析。

采集了很多案例后，我们发现，黑猩猩过马路的行为中存在着分担不同任务的角色。

· 成年雄性往往会出来打头阵；
· 他过去之后，会等着后面的黑猩猩，职责是为后面的黑猩猩把风；
· 其他雄性则担当殿后之职。

也就是说，黑猩猩过马路的时候有打头阵、把风、殿后这些角色。

有一天，我们看到了非常有趣的情景。打头阵的年轻雄性胸前挂着个小宝宝，小宝宝紧紧抓着他，吊在他胸前，两个黑猩猩就这样过了马路。成年雄性停下来等着，后面跟着出来的是妈妈，背上背着小宝宝的姐姐。待妈妈过去之后，挂在雄性胸前的小宝宝便回到妈妈的怀里去了。就像橄榄球术语"前抛"那样，小宝宝被"咻"地抛回了妈妈的怀中。

我们拍到了这一场景的录像，因此得以反复观看，进行详尽的分析。打头阵的是名叫杰艾扎的年轻黑猩猩，当时 10 岁；后面跟上来的是妈妈贝鲁，当时 29 岁；她有两个孩子，老大是 6 岁的女儿布贝，老二是 1 岁半的儿子——小宝宝布依。由于过马路很危险，贝鲁平时总是把还不能独立的女儿背在背上，把更小的宝宝抱在胸前，晃晃悠悠地到处走。杰艾扎，这个年轻的雄性，与贝鲁并没有直接的血缘关系，所以这个场景展现的是"大婶，您一定很辛苦吧，让我来帮帮您"这样的情形。

## 以番木瓜为礼物

博所的黑猩猩会偷村民家房檐下的番木瓜，多的时候可以一次偷两个，一个自己吃，另一个送给雌性。下面我们就来说说拿番木瓜做礼物的事情。

博所的黑猩猩与人比邻而居。村子有几千口人，黑猩猩就住在村后山上的森林里，时不时地出没于村民家的房檐下。

金伯利·霍金斯和大桥岳精心记录了 57 个观察案例，基本上全都是成年雄性黑猩猩去摘木瓜。摘木瓜要来到村民家的屋檐下，黑猩猩也真是够大胆的，就在村民远远的围观中下手。村民们很害怕黑猩猩，也许是担心赶不走他们，反而遭到袭击，所以不会上前去把黑猩猩轰走。对于大多数村民来说，黑猩猩是祖先和崇拜的信仰对象，是一种可怕的生灵。

番木瓜树树干笔直，树顶长着一小点树叶，在树叶之间，结着十几个大大的果子。黑猩猩爬到树上，拧下一个番木瓜塞进嘴里，再拧下一个用手拿着，单手加两足抓着树干爬下来，然后便优哉游哉地走进茂密的树林中，消失得无影无踪。

一直追踪着黑猩猩，便能看到接下来的情景。研究者一直躲在草木繁茂之处，自始至终观察着一旁的黑猩猩。在观察中，有三分之二的时候，黑猩猩会拿着两个番木瓜离开，大体上一定有一个是送给雌性的，有时送给妈妈，也有时是作为礼物送给有着粉红色丰满臀部的有魅力的雌性。一个番木瓜给我，另一个给你——这就是馈赠。

## 毁坏陷阱

博所的野生黑猩猩有过用棒子敲打人类做的陷阱，将其毁坏的举动，这个行为很著名。

陷阱是用铁丝做成的，碰到机关，铁丝环会"嘣"地弹起来把动物缠住，这主要是为了捕获到田里来捣乱的老鼠之类的小动物而设计的。这种陷阱布置得十分巧妙，沿着田边的栅栏铺设，栅栏上只有一个地方留了个洞让动物钻过，陷阱就设在这里，要想到田里偷吃农作物，就必须经过这条通道。

在栅栏边，总能找到一棵大小合适的树，树干的直径大约5厘米。在树高大概2米的地方砍一刀，把树梢掰弯，拉到地面上，再在树梢上绑上铁丝环。只要有小动物从环里钻过，踩到地面的一瞬间，陷阱就会弹起来，铁丝拉紧，把猎物牢牢捆住。猎物越是挣扎，铁丝就越会紧紧地咬住它的身体。

铁丝环的直径差不多有老鼠那么大，但这种陷阱引发了另一个问题：曾经有两次，小黑猩猩也被陷阱缠住了。一次是名叫雍萝的女孩，脚腕被铁丝环缠住；还有一次是叫作乔雅的女孩，一只手的中指、无名指和小拇指被铁丝缠住了。

我们拍到了一段视频，曾经在博所黑猩猩族群里当过首领的付阿福用棍子敲打陷阱，将其毁坏，这是大桥岳在仔细观察的过程中拍摄到的。黑猩猩族群分成几个集团活动，那个时候，付阿福目力敏锐，发现了陷阱，便用棍子轻叩铁丝环，把陷阱毁坏了，在他身边的黑猩猩们都兴致勃勃地注视着他的一举一动。

# 深厚的母子情谊

观察黑猩猩以来，我还有一个心得，那就是黑猩猩母子之间的情谊很深。

黑猩猩大约能活 50 年，按人类平均寿命 75 岁来算，用黑猩猩的年龄乘以 1.5，便可以换算出他们相当于人类的多少岁。雌性黑猩猩的初潮在 8 岁左右，一般 12 ~ 14 岁开始生孩子。乘以 1.5 的话，相当于人类的初潮在 12 岁左右，18 ~ 21 岁生孩子，这与人类进化到现代社会之前的狩猎采集时代的情况大体吻合。

黑猩猩每隔 5 年生一次宝宝。人类的兄弟姐妹通常间隔 2 ~ 3 岁，挨得近的也有仅相差 1 岁的；但是，黑猩猩中没有仅相差 1 岁的兄弟姐妹，也没有相差 2 ~ 3 岁的，刚生下来的宝宝上面只有 5 岁左右的哥哥或姐姐，哥哥姐姐再上面则是相差 10 岁的孩子。

从出生到 5 岁这段时间，宝宝独占着妈妈，在妈妈温暖怀抱的呵护下慢慢长大。在黑猩猩宝宝出生后的最初 3 个月里，妈妈会每天 24 个小时把宝宝抱在怀里，晚上睡觉的时候也和宝宝在一起。就这样，在与妈妈黏在一起的过程中，小黑猩猩自然而然地学会了这个群体的文化，也学会了抚养孩子的方法。

吉莉 35 岁的时候，育有 2 个孩子——7 岁的姐姐小佳和 2 岁的妹妹小乔。小乔大概是感冒了，流着鼻涕，病恹恹的，每天日渐衰弱，最终不幸死去了。从小乔死前 16 天，一直到她死后第 27 天，我进行了连续观察。

吉莉用石器砸着油棕果核，而她身边的小乔只是恹恹地默默待着。吉莉停下手中的活儿，轻轻地抬起指尖，用指背碰了碰小乔的额头，就好像要试试她额头的温度一样。

吉莉抱着生病的小乔从一棵树爬到另一棵树，姐姐小佳追在后面。我发现小佳抱着一根圆木棒，大约长 50 厘米、直径 10 厘米。小佳正用手轻轻地"啪啪"拍着木棒。这根木棒是个"人偶"，小佳在模仿医生看病的行为。

博所当地的人类少女会玩人偶游戏，所用的人偶其实就是一根圆圆的木头，没有头和脸，也没有手。她们把这种上下一般粗的圆柱形人偶背在背上，或抱在怀中。定睛一看，这截圆木的顶上还植着头发。我忽然想起，住在这里的人们曾经会猎取人头，心中不免升起一丝恐惧。

没过多久，小乔就停止了呼吸，而妈妈吉莉继续爱护有加地驮着死去的孩子四处行走。虽然尸体散发出浓烈的恶臭，但吉莉一点也不介意，勤勤恳恳地用手赶着苍蝇。小乔最后变成了一具干尸，妈妈就这样呵护着这个孩子，一直驮着她。

我认为，这个死去的孩子的父亲是图阿，他当时是这个群体的首领。有一天，图阿突然从我左边的草丛中冲出来，毛发倒竖，完全可以用怒发冲冠来形容，一只手里还拿着什么东西。平时，他拿的会是粗大的树枝一类的东西，然而这一次却是小乔的尸体。这是一种用变成了干尸的尸体作为道具，炫耀武力的行为。他一直冲到我面前，然后停下来，转身离开了，把小乔的尸体也放下了。

黑猩猩走后，我走上前去，看到了小乔的尸体，她已经变成了一具彻底干透了的干尸，只有下颚脱落了，身体的其他各部分都很齐全。过了一会儿，妈妈吉莉来了，像往常一样把死去的孩子往肩上一扛，就走了。

吉莉后来又失去了两个孩子，一个是儿子吉马特，另一个是儿子乔德阿蒙。她总是一如既往地继续呵护着孩子的尸体，直到尸体变成干尸。这样的行为并不是吉莉独有的。一个名叫布亚布亚的年轻妈妈在失去自己的女儿贝贝后，也是一直抱着孩子，直到尸体变成了干尸。所以，一共发现了两个妈妈的 4 个案例。博所的野生黑猩猩会抱着死去的孩子，直到尸体变成干尸。也许这是这一群体的文化。

我在博所对野生黑猩猩的生活进行长期连续观察时，以上场景给我留下了难以磨灭的印象。

05

实验室里的
黑猩猩

下面我想介绍一下对黑猩猩与人类的认知发展，也就是心智发展的比较研究。

与在野外观察黑猩猩宝宝的成长发育一样，我在实验室里持续观察了黑猩猩的亲子关系以及孩子的成长发育。这就是自 2000 年开始的认知发展研究项目。

2000 年，小爱怀孕了，在 23 岁时生下了儿子小步，这对母子与伙伴们一起生活在族群里。同一年里，有三个黑猩猩生孩子。我们用灵长类研究所的黑猩猩全方位模拟野生黑猩猩的族群，从此开启了科研的新篇章。

首先，我想介绍一下黑猩猩的妊娠、分娩和育儿的情况。接下来，我们利用重新修改过的参与观察法，对小黑猩猩的认知发展进行了研究。

# 野生黑猩猩如何生孩子

遇到野生黑猩猩生孩子是极其稀罕的事情，更常见的是，某个妈妈几天不见，再次出现时怀里已经抱了个宝宝。

我在几内亚博所参与研究的 31 年间，只遇到过两个研究者亲眼见到黑猩猩生孩子的案例，这两位研究者分别是金伯利·霍金斯和藤泽道子。

把两人的见闻总结起来，黑猩猩生孩子的情形是这样的。首先，就算是在白天，黑猩猩也会将树枝折叠，像晚上睡觉时那样铺成一张床。妈妈仰面朝天躺在床上，偶尔做出憋足劲的样子，小宝宝就这样生下来了。黑猩猩生孩子虽然也会流血，但出血量很少。他们不像人类那样，在生孩子的时候有接生婆，而是要独自生产。但是，黑猩猩产妇身边会围着很多伙伴，全都兴致勃勃地窥视着分娩的过程，仿佛想要摸一摸新生儿。

野生黑猩猩生下宝宝后，完全不会出现妈妈不抱孩子的例子，我们平常观察到的都是妈妈抱着孩子。孩子长到 5～6 岁，妈妈又生了弟弟或妹妹的话，他就会仔细观察妈妈如何抚养宝宝，自己也会抱着弟弟妹妹照顾他们。也就是说，小黑猩猩在日常生活中，见习了妈妈抚养子女的样子，自己也参与其中。野生黑猩猩就是在这样的环境中长大的。

生育孩子这件事就这样在野生黑猩猩的日常生活中潜移默化地扎根了。

# 实验室里的分娩

　　我本人没有亲眼看到过野生黑猩猩生孩子，倒是见过分娩几天后的黑猩猩。而在灵长类研究所，我见过三次黑猩猩生孩子，白天用肉眼看，晚上则通过夜间监控摄像头看。各地的动物园都会记录大量动物生产的视频，1982 年，我们也首次成功用视频记录了黑猩猩的分娩过程。

　　首先，为了预测分娩时间，我们安装了夜间的摄像记录仪。在饲养环境下，黑猩猩夜间睡觉的地方大体是固定的，于是我们便朝着那个方向设置了摄像头，用红外灯照明，这样就可以在另一个房间里拍摄到黑猩猩夜间活动与分娩的录像了。

　　一般的设施里并没有这种远程监控系统，不仅如此，感知动作的装置也是我们自己做的。当黑猩猩的动作达到一定次数之后，这个装置就会发送警报给负责饲养的熊崎清则，不论白天还是晚上，他都能在家里接到警报。

就这样，在 20 世纪 80 年代初期，留下了三例黑猩猩分娩的视频记录。视频记录的优点是能够反复观看。

第一例是 1982 年 3 月出生的黑猩猩宝宝，我们为他取名叫波波。他的妈妈叫普奇，波波生出来的瞬间，她发出一声悲鸣后就逃开了，随后一个劲地"嘎、嘎、嘎"哭号着，根本没有想去抱孩子的意思。最后实在没有办法了，熊崎只好进入房间，把小黑猩猩抱起来，于是波波就成了人工养育的宝宝。

第二例是同年 5 月，雷欧出生了，他的妈妈是灵子。灵子也一样，生下宝宝的那一瞬间，"嘎"地悲鸣了一声，把嘴凑到孩子面前，简直像是要一口咬下去的样子。大家在监控室里看着，也发出了"啊"的惊叫声。不过最终，灵子停了下来，没有咬下去，而是把孩子抱在了胸前。我们把这对母子从黑猩猩族群中隔离开来照顾，趁着妈妈安安静静地守护孩子的机会，观察到了黑猩猩妈妈给孩子喂奶的情形。同一时期成为妈妈的普奇和灵子，情况却大相径庭，普奇的孩子是人工养育的，灵子的孩子则由妈妈抚养。

第三例是在第二年，即 1983 年 12 月潘的出生。普奇生波波的时候，曾经"嘎"地叫着丢下新生儿逃走了，那一次她是在分娩时，孩子的头从产道出来的当口叫起来的。然而这一次，她却在孩子的头还没出来之前就哭号起来，仿佛又勾起了上一次的不幸回忆，最终还是重蹈覆辙。

就这样，从 1982 年到 1983 年，灵长类研究所经历了三例黑猩猩分娩，其中两例是人工养育小黑猩猩，一例是黑猩猩妈妈自己抚养。这个结果让我的满心期待落了空。

日本大约有 90 家动物园，其中约 50 家拥有黑猩猩，所以黑猩猩生孩子并不是什么稀奇的事情。总结一下目前为止黑猩猩分娩的记录，大约一半都是人工养育，妈妈不肯抱孩子，即使抱了也没有奶水喂给孩子。出于各种各样的原因，妈妈无法育儿，只能人工养育。然而我们曾经多次观察到，在野生黑猩猩中，所有雌性都毫无例外，顺利地当上了妈妈，这与人类饲养环境下的黑猩猩差异很大。

野生黑猩猩在日常生活中可以看到同伴分娩、育儿的情形，还可以实际接触到婴儿，也有参与分娩、育儿的经验，而人工饲养下的黑猩猩却没有这样的机会。为什么呢？日本大约一半以上的动物园，要么只饲养了一个黑猩猩，要么是两个，最多也只有三个，没有能饲养黑猩猩群的设施。因此，黑猩猩基本都是在没有形成伙伴关系的情况下成年的。我确信，雌性黑猩猩有当妈妈的本能，但如果没有在合适的环境里被抚养长大，那么即使是对于一个物种最重要的事情——生产繁殖，都会无法顺利进行。

## 小爱当妈妈了

小爱 20 岁的时候，乘以 1.5，就是相当于人类的 30 岁。我也希望她能生育、抚养孩子，却苦于没有合适的对象。小爱和小亮年龄相仿，是"总角之交"，但他们两个虽然关系很好，小亮却无法和小爱交配。

在饲养环境下，存在雌性黑猩猩无法顺利育儿的情况；同样，如果雄性黑猩猩没有在恰当的时期、恰当的环境中生活，就会变得不会交配。相比之下，在野外生活的野生黑猩猩全都可以正常地交配。这大概就是饲养环境招致的弊病吧。

就这样，我终于明白了黑猩猩的男女情事障碍是人工饲养的环境造成的。为了繁衍后代，必须进行性行为，但性行为并不是仅靠本能决定的事情，而是一种需要在恰当的年龄段、恰当的环境下学习的技能。

我们最终决定，采用人工授精的方式让小爱怀孕。我们从小亮身上采集了新鲜的精液，由我亲手给小爱注入了精液。在我的指令下，小爱静静地待着，很配合我的操作。黑猩猩的生理周期与人类大致相同，也就是一个月一次，我在她的排卵期反复进行了人工授精操作。

经过这样的努力，到了第三年，小爱终于有了身孕。虽然日本有十月零十日怀胎的说法，但实际上人类的妊娠期，也就是从卵子受精到分娩的时间平均为 266 天，而黑猩猩则是 235 天。非常遗憾，小爱的第一次怀孕是足月死产。1998 年，小爱怀孕足月生下了一个男孩，但是他没有呼吸。我还为他取好了名字叫"阿童木"，真是太遗憾了。

人类中也有这样的情况，经历过死产后，妊娠反而变得更容易了。我继续每个月给小爱进行人工授精，不久她便又怀孕了，这一次平安无事地生下了宝宝。上文已经讲过，黑猩猩生孩子的时候，没有接生婆的介入与帮助。小爱生下宝宝后，是自己把孩子抱起来，搂到了胸前。

小爱分娩之前，我已经为她进行了当妈妈的训练，让她抱填充了棉花的玩偶、看猴子抱孩子的实况，还剪辑了野外黑猩猩育儿的视频给她看。虽然不知道是哪一种方法起了作用，但无论如何，万幸的是，她平安无事地分娩，并顺利进入了育儿模式。

## 母性的激发

制订小爱生育计划是为了研究黑猩猩的认知发展，也就是心智发展，我们为此规划了一系列的黑猩猩妊娠、生育计划。就这样，2000 年，在灵长类研究所连续出生了三个小宝宝：小爱在 4 月生下了小步，库萝艾在 6 月生下了库莱欧，潘在 8 月生下了帕鲁，孩子名字的首字母均与妈妈相同[①]。

分娩之后，小爱顺利地抱起了小步。但库萝艾就不行了，孩子刚一落地，她就跳着逃开了，躲在离宝宝2米远的地方远远地看着。没办法，只好借助人类的手帮她带了一晚上宝宝。

第二天早上，与库萝艾很亲近的研究者友永雅己抱着孩子，把她放到了妈妈的笼子里，接着一边说话一边摆出姿势，教库萝艾抱孩子。虽然这位妈妈凑了过来，却还是没有抱起自己的孩子。

这期间，被浴巾包裹、仰面朝天的小宝宝，由于没有可以抓的东西，开始伸开手脚往空中乱抓，"啪嗒""啪嗒"，抓不到，就"呼呼"地哭了起来。先是不安的哭声，接下来，终于变成"嘎嘎"的悲鸣。库萝艾惊慌失措地跑到宝宝跟前，但就是不肯抱起孩子。她又跑到友永教授面前，虽然不会说话，却显然急得不得了，噘起嘴巴，仿佛在央求友永教授：

"赶快采取措施呀！没听到那个孩子哭成那样了吗？"

因为有人在，所以黑猩猩便请求人类来解决问题。了解到这一点后，第二天，我们又把孩子送到妈妈身边便离开了，只留下妈妈和孩子。

---

① 三对母子的名字以罗马字母来看，小爱（Ai）和小步（Ayumu）都以 A 开头，库萝艾（Chleo）和库莱欧（Cleo）都以 C 开头，潘（Pan）和帕鲁（Pal）都以 P 开头。但在翻译为中文名字时无法完全保证首字相同，特此说明。

黑猩猩宝宝想抓东西，抓不到，又开始哭起来。妈妈走到孩子跟前，但仍然没有抱孩子。孩子哭得更响了，妈妈又向孩子凑近了一些，仿佛要压到孩子身上一样。就在那一刹那，黑猩猩宝宝的左手紧紧地抓住了妈妈的体毛。

　　宝宝一旦抓住了就绝不松手，她用左手牢牢地抓住妈妈，而妈妈被宝宝牢牢地搂住后，也就自然而然地抱紧了孩子。

　　潘生帕鲁的时候，也是生完就丢下孩子不管了。与潘关系最亲的研究者田中正之进入潘的房间里，做出要抱孩子的样子。最后，潘终究设法抱起了孩子。也就是说，刚刚生完孩子的时候，妈妈会被吓得惊慌失措、落荒而逃，但冷静下来后，也是知道要抱孩子的。

　　没过多久，普奇生下了第三个孩子皮可。普奇就是前两次生孩子时嘎的一声叫起来逃开的那位妈妈，这次她也是一样，没有自己抱起刚出生的孩子。在人类的介入和帮助下开始抱孩子的，已经有库萝艾和潘这两例。在此之后，人类也介入到母子之间，试着开展了协助养育。

　　和做了妈妈的黑猩猩们关系最亲近的是熊崎清则。他抱着黑猩猩宝宝，放到妈妈的笼舍里，先让普奇安静下来，接着看准时机，把手里的宝宝"唰"地一下子塞到黑猩猩妈妈的胸前。

　　不论是什么东西，黑猩猩宝宝只要有得抓就会抓住不放。于是，宝宝顺势抓住了妈妈腹部附近的体毛，抱得紧紧的。妈妈并不会抖动身体把孩子从身上抖下来，只要被抓住，就会抱着孩子。从这里，我们看到了母性的萌动。

只要孩子牢牢抓住妈妈，妈妈就能把孩子抱在怀里，紧紧拥抱——妈妈抱孩子这样的母子关系是由孩子的行为促成的，这个发现真是意味深长。

# 让饲养环境更贴近真实

黑猩猩宝宝有被妈妈抚养的权利，黑猩猩妈妈也有抚养自己孩子的权利。不论是出于人类中心主义的为所欲为也好，出于方便研究也好，出于逻辑也好，都不应该把小黑猩猩从妈妈身边带走，绝对不能让黑猩猩母子分离。

为了研究小黑猩猩的心智发展，欧美研究者从 20 世纪初开始的大约 100 年来，总是把他们从妈妈身边带走，放到人类的家庭里抚养和研究。这样做的逻辑清晰明了：把黑猩猩放到和人类完全相同的环境中，以同样的方法抚养，就可以比较人和黑猩猩之间出现了什么样的差异。例如，虽然接触的是完全相同的环境，但人类宝宝学会了说话，而黑猩猩不会，因此就能得出结论，语言是人类与生俱来的特性。

我也曾经把小黑猩猩放到自己的家庭环境中抚养过，那是在普奇生下潘后逃开的时候。每天晚上，我把小黑猩猩带回家，喂她牛奶。正好同一年，我的二女儿也出生了。我用同样的方法给人类宝宝和黑猩猩宝宝喂牛奶，用同样的方式抚养。

但是很快我就发现，这样的比较非常不公平。我的女儿有父母，而黑猩猩宝宝却没有自己的父母。人类的孩子是在人类的环境中抚养的，而小黑猩猩却和人类在一起，是在其他生物的环境中抚养的。这样做根本无法进行公平的比较。

把小黑猩猩从妈妈身边带走，会让这个孩子以后无法正常抚养孩子。如果是雄性，会变得无法顺利进行性行为；如果是雌性，虽然会生孩子，却不会抱孩子，也不会喂奶。

从我们饲养黑猩猩的经验中，明确得出的结论只有一个：不能把小黑猩猩从妈妈身边带走。在伦理上，令黑猩猩亲子分离的研究是不应被允许的；为了营利而把小黑猩猩从妈妈身边带走进行表演训练，更是应当严禁。黑猩猩是濒危物种，必须以恰当的方式饲养，最重要的一点就是要让他们跟父母、伙伴一起生活。不能对黑猩猩完全进行人工养育，就算有人类的协助，也必须让黑猩猩妈妈来养育孩子。

## 什么是 SAGA

我想稍微介绍一下 SAGA，这是"支持非洲 / 亚洲大型类人猿促进会"（Support for African/Asian Great Apes）的英文首字母缩写。SAGA 创立于 1998 年，每年召集一次大会，与大型类人猿相关的人员，也就是黑猩猩、大猩猩和猩猩的相关研究者、动物园的工作人员、动物保护团体成员、媒体、普通民众齐聚一堂，大家共同以作为我们进化近亲的大型类人猿为主题交换意见。

运营 SAGA 的负责人如今大概有 30 人，主要是大学里的研究者、动物园的兽医等与饲养相关的人员。在没有 SAGA 之前，研究者与动物园的工作人员之间基本没有什么交流；有了 SAGA 之后，与大型类人猿相关的人员在会场上得以跨越职业的界限，聚集在一起进行讨论。

全体举手表决，通过了以下三个基本原则。

· 维护类人猿的自然生活。

· 提高其在饲养环境下的生活福利。

· 废除会给类人猿带来侵袭危害的实验，推进能够加深对人类理解的实验。

换句话说，要点就是自然保护、改善饲养环境、废除侵袭性实验。所谓侵袭性实验就是会给类人猿带来不可逆伤害的实验研究。SAGA 的出发点是希望不再使用黑猩猩进行有关丙肝的医学实验，这是最初成立这个组织的缘由。

不能以黑猩猩为替代品，去做那些无法在人类身上进行的实验，因为黑猩猩是我们进化中的近亲，是高濒危物种——抱有这样共识的人每年聚集在一起，召开会议。2006 年秋，日本的医学感染实验被全面终止了。宇土市的医学研究机构现今已经变成京都大学野生动物研究中心熊本之家，57 个黑猩猩将在这里平平安安地度过余生。

2002 年，以 SAGA 的宗旨为本，诞生了大型类人猿信息网络平台（Great Ape Information Network，GAIN）。这是在日本文部省支援下进行的户籍登记，现今居住在日本的 317 个黑猩猩、6 个倭黑猩猩、21 个大猩猩、46 个猩猩以及 180 只长臂猿都进行了户籍登记。只要查阅 GAIN 的网站（https://shigen.nig.ac.jp/gain/），就能知道哪个类人猿住在哪里，网站上还会实时地报道他们的出生与死亡信息。

## 参与观察法

小爱生小步的时候，我决定采用的研究方法与欧美截然不同。我的研究方法叫作参与观察法，研究者参与到黑猩猩母子的日常生活中，在极近的距离下观察黑猩猩妈妈的育儿行为。

幸运的是，黑猩猩妈妈与研究者之间有着经过长期岁月培养起来的关系。黑猩猩妈妈对研究者很信任，哪怕我们待在怀抱宝宝的妈妈身边，对方也不觉得有什么异样，她们已经完全信赖人类了。

就这样，日复一日，每天一点一点地套近乎、拉近距离，到最后，我终于可以摸到小黑猩猩的手了。

"让我摸一摸吧。不要独自霸占你的宝宝哦，只是让我轻轻摸一下嘛。"

我一边对小爱这样说着，一边摸了摸宝宝。渐渐地，触摸宝宝的时间越来越长了。每天早上都和黑猩猩母子待在一起，日积月累，妈妈终于允许研究者触摸宝宝的手了。

这个方法是研究者在野生黑猩猩的自然生活中学到后，尝试着运用到饲养环境下的研究中的。在野外，小黑猩猩周围会有 5 岁左右的哥哥或姐姐，或是 10 岁左右的雌性，她与抱着孩子的妈妈生活在同一个群体里，互相都认识。她好奇心十足，很想摸一下小宝宝，而另一边的黑猩猩妈妈则会暗地里想："旁边那个女孩子要做什么？我还不能信任她。"抱着孩子的妈妈是不会让对方轻易触摸自己的宝宝的。

年轻女孩凑上来，妈妈则转过身背对着她，女孩绕了个圈，窥视着宝宝，妈妈再次转身。那个女孩也真是执拗，又一次靠过来，趁着妈妈没注意，用手稍微触了一下宝宝的脚。

我曾在野外黑猩猩群中看到过这样的景象，在思考如何参与到育儿过程中的时候，这个场景便浮现在了我的眼前。

随着小爱一点点地允许我摸宝宝，我首先伸出手来，从脚尖开始摸，接着摸脚踝，一直摸到膝盖，最后终于把手放到了小步的头上，接着马上离开，再回来把手放到他头上，再马上离开。这样反复几次后，我就可以触摸小步了。

接下来，我们组成了三个研究小组，我和小爱、小步一组，友永教授和库萝艾、库莱欧一组，田中教授和潘、帕鲁一组，每个组里都形成了研究者、黑猩猩妈妈、黑猩猩宝宝的三者关系。我们观察黑猩猩妈妈养育宝宝的样子，同时也参与到抚养的过程中，给黑猩猩妈妈搭把手。就这样，我们采用了一种新的研究方法，参与观察法确立起来了。

到了可以触摸宝宝的手的阶段，不仅是妈妈，小黑猩猩本身也容许研究者与自己共处了，因为研究者一直都在那里嘛。

我们用微型摄像机拍摄了黑猩猩宝宝的样子。

例如，我们会把黑猩猩妈妈的面孔照片与其他雌性黑猩猩的照片同时呈现在电脑屏幕上，给小黑猩猩看：一张是妈妈的照片，一张是别人的照片。从出生后大约 1 个月的时候开始，小黑猩猩就会很明显地选择去看妈妈的脸。看到屏幕上的照片时，宝宝的眼睛就像被吸铁石吸住了一样，会一直追随着妈妈的面孔。就这样，我们通过实验开始了研究，调查黑猩猩宝宝眼中看到的世界是什么样子的。

## 搭建黑猩猩的社交圈

确立了参与观察的研究方法后，我们就不会让黑猩猩母子分离了。我的方法是，以妈妈和宝宝为一组，共同进行研究。回顾欧美研究者100年来所做的研究，都是把小黑猩猩从妈妈身边带走，放到人类的家庭里抚养，这是一种只观察黑猩猩宝宝的方法；而我所说的参与观察法是把孩子和妈妈编成组，其重要性在于，有妈妈才会有孩子。

同样的道理，我还联想到，在群体中育儿时，本应该也有做爸爸的黑猩猩。但是由于无法自然配对，小亮经由人工授精成了爸爸。当时的小亮可是一副族群首领的派头呢！

此外，还有两个孩子是在2000年出生的，这样一个黑猩猩族群里就有了三对母子，再加上一些没有生过孩子的雌性。小爱从小的玩伴潘黛莎与小爱只相差半岁，还没有生过孩子。

这些黑猩猩有着各不相同的社会职责，组成了一个族群，生活在一起。因此，与不让宝宝和妈妈分开同理，妈妈和宝宝也不应脱离族群，而是应该生活在伙伴中，这就是参与观察法的基本原则。也就是说，我们想要营造出与野生黑猩猩一样的生活环境。在灵长类研究所的黑猩猩族群里有三对母子，孩子的爸爸也在族群里，此外还有其他成年黑猩猩。

这些黑猩猩生活的地方，有户外运动场和与之相连的笼舍。户外运动场由高 15 米的高塔组合而成，下面草木繁盛，水流清澈，这是我们刻意准备的尽可能接近自然的环境，希望打造出尽可能接近野生黑猩猩社会的族群，而我的研究主题就是在这样的环境下观察得来的亲子关系以及小黑猩猩的心智发展。这个研究课题叫作"认知发展研究项目2000"，对三组黑猩猩母子进行了参与观察研究。

06

# 抚养孩子

人类的育儿行为到底有什么特别之处呢？把黑猩猩的亲子关系同人类比较一下就可以看出来。下面我想讲讲人类育儿的特征。先从结论开始讲：人类育儿不仅仅是母亲一个人的事情，而是整个家族乃至社区的事情，母亲、父亲、祖父母、兄长、没有血缘关系但生活在同一社区的成年人，共同把孩子们带大。人类育儿的特征是"共同养育"。

# 育儿的进化之路

生物的基本特性是：父母不养育孩子，生完就不管了，不会照顾孩子。人们往往认为"父母抚养孩子理所当然"，但这种抚养行为是从哺乳类和鸟类的共同祖先才开始有的，也就是说，是在大约 3 亿年前才开始的。在此之前，生物都是把孩子生下来后就不管了，不会抚养子女。

让我们放眼看一下更广泛意义上的生物。说到鱼，鲑鱼是由鱼子孵化而来，鲑鱼不会抚养小鲑鱼；再想想两栖类的代表——青蛙，青蛙产卵后，卵孵化成蝌蚪，青蛙也不会抚养蝌蚪。

当然也有例外，广为人知的口育鱼会把小鱼吸到嘴里保护起来，以防外敌。还有，在我们进行野外研究的几内亚宁巴山，有一种卵胎生的蛙，和人类一样是在体内受精的，受精卵孵化后，幼蛙在母蛙腹中长成形后再被生下来。但是，这样的例子总的来说实在是太罕见了。鱼类和两栖类等动物，基本上都没有父母抚养子女的行为。

让我们再来看看爬虫类，如海龟、蛇等。海龟会在沙滩上挖个洞，把蛋产在里面，然后就到此为止了，只等着自然孵化，海龟妈妈不会保护小海龟，也不会给小海龟喂食。当然也有例外情况，人们已经发现，有一部分爬虫类正在从卵生往胎生演变，但是它们也不会养育孩子，唯一的差别只是孩子是从卵里出来的，还是在卵成长变化后再被生下来而已。

我们再来看看身边的一些动物，比如猫和狗。人类是哺乳动物，而哺乳类有育儿行为，所谓哺乳就是喂孩子喝奶的意思。从全体生物的范围来看，用乳汁来哺育孩子是一种独有的特征，所以才特地将这样的动物命名为哺乳类，以示区别。

但我们容易忽略的是，鸟类也会育儿。鸟妈妈下蛋后，用体温把雏鸟从蛋里孵化出来。不仅如此，雏鸟出生后，父母还要给雏鸟喂食，鸟爸爸、鸟妈妈会用捉来的猎物喂孩子，或者把已经吞下消化的东西吐出来喂给宝宝，自己不吃，而是留给孩子吃。

不管怎么说，给蛋加温使其孵化、叼来食物喂雏鸟，这些都是利他行为。利他就是让他人受益，为了他者而非自己做出行动。

地球上现存的已知哺乳类动物有大约 5000 种，鸟类有大约 1 万种。但是，地球上一共有数百万乃至数千万种生物，相比之下，哺乳类与鸟类都只占不到 1%，真是极少数的例外情况。

会养育孩子的哺乳类和鸟类，其共同祖先生活在多久以前呢？现在认为大约是在 3 亿年前，从地质年代上看属于中生代。在那个时期，恐龙曾称霸地球。恐龙属于爬虫类，是蛇与蜥蜴的同类。从爬虫类中又演化出了与现在的哺乳类和鸟类相联系的生物。

大约 3 亿年前，哺乳类和鸟类的共同祖先诞生了，它们做出了一种新行为，不是仅仅繁殖后代，父母还要对孩子进行投资。事实上，父母养育孩子的过程就是一种投资，并不是为了自己花费时间与能量，而是把时间与资源用于抚养孩子成长，哪怕牺牲自己，也要让孩子活下去，从而形成一种跨世代的利他行为。换句话说，父母存在的理由，不再是生下后代，而是让后代生存下来。

从此，育儿方法也产生了两大分支：是繁殖很多后代，然后任其自生自灭呢，还是繁殖数量有限的后代，好好养育呢？鱼类大多是一次产下大量的卵，然后就放手不管了，也就是不抚育后代；与之相对，哺乳类与鸟类一次只生下少数后代，然后便会精心喂养生下来的孩子。从整体来看，人类属于"生少量后代，精心抚养"的生物，这一点大家想必都很清楚。

经过进化，人类只会生下少量的后代，然后集合大家的力量共同抚养孩子。人类是精心抚养后代的动物。

# 探索大型类人猿的社会结构

　　为了了解人类育儿，让我们来看看人科 4 个属中的其他动物育儿的情况吧。抚养后代的行为是如何进化出来的呢？让我们回顾一下现存的人类进化道路上的同胞的育儿情况。人科 4 个属包括：猩猩、大猩猩、黑猩猩、人。

## 猩猩

　　先谈谈猩猩。我第一次见到野生猩猩是在 1999 年。因为一直长期研究黑猩猩，我很想亲眼看看其他灵长类动物，尤其是同为大型类人猿的其他伙伴：他们生活在什么地方？吃什么东西？平时会做什么？我认为，研究应当从观察自然栖息地的野生大型类人猿的生活开始。

猩猩住在加里曼丹岛和苏门答腊岛，只有印度尼西亚和马来西亚这两个国家才有猩猩。加里曼丹岛北部是马来西亚的领地，南部则属于印度尼西亚，在殖民地时代曾经分别被英国和荷兰占领，由此划定了两国的国境线[①]。属于马来西亚的部分又分为沙巴州和砂拉越州，我当时去的是沙巴州。

沙巴州的首府是哥打基纳巴卢。当时我还去登了海拔4095米的基纳巴卢山，跟我一起登山的有：京都大学野生动物研究中心教授、我在京都大学登山俱乐部的后辈幸岛司郎，研究生耶拿·金（Yena Kim）、雷纳塔·门多萨（Renata Mendoça）和水口大辅。我带着他们，耗时两天一夜，终于到达了山顶。从沙巴州首府哥打基纳巴卢坐飞机往东，就可以到达山打根这个大城市。提到山打根，就会想到山崎朋子的作品《山打根八号娼馆》[②]。以这里为起点，终于要进入加里曼丹的森林了。

一说到加里曼丹岛，人们就会联想到热带、丛林，但我从飞机上第一次看到加里曼丹岛时，那片风景却让我深受打击。放眼望去，全是一块连一块的种了油棕的旱地，根本没有森林。但沙巴基金会拥有大片森林，包括丹浓谷、英拔峡谷和马里奥盆地三大热带雨林保护区。

---

① 　加里曼丹岛北部还有一部分属于文莱，于1984年独立建国。文莱是否存在猩猩尚不确定。
② 　山崎朋子是日本纪实文学作家、女性史研究者。《山打根八号娼馆》讲的是明治40年，日本妇女被卖到南洋当妓女的凄惨故事，让无数日本人流下同情的泪水。基于该书改编拍摄的电影《望乡》由栗原小卷（饰女记者三谷圭子）、田中绢代（饰年老的阿崎婆）、高桥洋子（饰年轻的阿崎婆）主演，也为中国观众所熟知。

我选择了丹浓谷作为调查点。从 21 世纪初开始，久世浓子、金森朝子等幸岛教授的弟子，以及雷纳塔·门多萨，便一直在这里进行对猩猩的长期调查。2010 年，借助京都大学的研究经费，这里建起了调查小屋，一直沿用至今。

我见惯了非洲森林里最多 40 米高的树，觉得丹浓谷保护区的树非常高。在加里曼丹岛的森林里，树高可达 60 米，树冠直冲云霄。此外还有一些一枝独秀的树，超过 80 米高，简直高耸入云。猩猩就生活在这样的森林的树冠上，在树木的顶端部分活动。人们往往不会留意到的一点是：猩猩是居住在树上的动物中体形最大的。

我就这样邂逅了丹浓谷森林里的猩猩。由于体形巨大，猩猩不会从一棵树跳到另一棵树，而是和登山时的移动方式一样，确保三点支撑。也就是说，在四只手脚中有三只固定，保持身体平衡，剩下的一只是活动的，用来移动行走。

大体上，猩猩是纯素食主义者，只吃果实和树叶，用手和脚支撑身体，在树上生活，不擅长使用工具。与之相对，黑猩猩一半时间在地上，一半时间在树上生活。我还注意到，黑猩猩主要是在地上活动时才会使用工具。从这个角度思考，人类在进化过程中走出了森林，搬到稀树草原，变得可以在地面上生活了，地上的生活使得手足更加自由，因此才创造出了工具吧。

第一次见到猩猩时，让我最吃惊的是他们的社会关系。只有妈妈与一个孩子生活在一起，没有爸爸，没有兄弟姐妹，身边也没有伙伴，一对母子默默地生活着——这就是猩猩的社会。

让我们一起到森林里去找寻猩猩母子吧。由于猩猩行动缓慢，一旦看到就可以持续观察。在得知猩猩的社会只由一对母子组成的第二天，我又去了前一天发现的那个巢，又见到了那对母子，他们周围没有任何其他猩猩。后来，我曾一次又一次拜访那个巢，看到的都是同样的情形，这是真正的单亲妈妈啊！

当然，如果一直像这样连续观察，也能发现有其他猩猩来到周围50米范围内的树上。当地的助手告诉我，那是眼前这个小猩猩的姐姐。我还看到了年轻的雄性猩猩纠缠猩猩妈妈的情形，以及两对母子朝我走过来的情形。因此，观看我们拍到的关于猩猩生活的录像时，能够窥见的不仅仅局限于母子关系。

一般情况下，猩猩繁殖后代的间隔是 7 ~ 8 年，黑猩猩大约 5 年，大猩猩 4 年。猩猩生孩子的间隔真是长啊！生下孩子后的 7 ~ 8 年间，妈妈的生活中就只有育儿，基本上只有妈妈与孩子一起生活。我实际感受到了猩猩的"社会"，原来是这样的。

# 大猩猩

接下来想说说大猩猩。我第一次见到野生大猩猩是在 2011 年，在卢旺达维龙加火山群见到了山地大猩猩，那是 20 世纪 50 年代末学界前辈乔治·夏勒（George B. Schaller）观察过的大猩猩。

戴安·弗西女士常驻维龙加火山群，开展野生山地大猩猩的研究。研究野生黑猩猩的珍·古道尔、研究野生猩猩的比鲁婕·嘉迪卡丝，再加上研究野生大猩猩的戴安·弗西，号称"李奇三女杰"，这个名号来自考古人类学家路易斯·李奇，他曾派这三人分别做研究。顺便说一下，京都大学的校长山极寿一就是在戴安·弗西的研究基础上研究大猩猩的，他在京都大学读研究生时就开始了对野生大猩猩的研究。

我和平田聪一起去看了卢旺达维龙加火山群的野生山地大猩猩，第一次遇到野生大猩猩，那场景我至今历历在目。我们碰到的是一个年纪尚轻的雄性大猩猩。大猩猩若是完全成年，背后的毛会变白，银白色的毛在阳光下熠熠生辉，称为银背大猩猩；与之相对，背上的黑毛还没有变成白色的，称为黑背大猩猩，是尚未成年的年轻大猩猩。

挡住我们去路的这一位，弓腰站在地面上，正"嗷呜嗷呜、咯吱咯吱"地吃着竹子，吃得津津有味。他吃的不是竹笋，而是竹子本身，虽然之前读过文献资料，知道大猩猩的食性，但是大猩猩就在眼前大口大口吃竹子的样子还是让我吃惊不已。

大猩猩的脸很独特，头顶是尖的。这是因为在他们的头部中央，有块凸起的骨头，上面附着着肌肉，起到支撑作用。这些肌肉是颌肌，为咬碎食物提供了强劲的力量，由此形成了大猩猩特殊的外貌。

在向导的带领下，我们往卢旺达维龙加火山群的森林深处走去，遇到了一个大猩猩族群，他们之间的关系一目了然。有成年大猩猩与宝宝，有雄性与雌性，还有带着孩子的妈妈。再定睛一看，这样的母婴组合有好几对。

也就是说，除了银背大猩猩，也就是成年雄性，我们还能看到黑背大猩猩，也就是年轻的雄性，以及好几对母子。原来大猩猩族群的社会结构是这样的，真是一目了然。族群中有一个身强力壮的雄性，还有众多雌性和孩子，组成被称为"后宫"（harem）的群体。

在大猩猩的生态中，让我产生浓厚兴趣的有两点：一是他们的床大都在地上；二是大猩猩食草，所以大便量很大，这些粪便就像散发着热气的青草，味道也很好闻，有股草的清香，绝不像人的粪便那样有臭味。

大猩猩吃西芹类的植物，"吧唧吧唧"吃完一棵又吃一棵。他们完全是草食动物，不吃肉类，坚持素食主义，有着大大的肚子用于分解、消化纤维素。大猩猩还喜欢吃水果。我亲眼见到过身躯庞大的山地大猩猩轻手轻脚爬树的样子。大猩猩与人类有个明显的区别：虽然大猩猩经常待在地面上，但树上也是其重要的生活场所。

2014 年，我和森村成树一起去考察卢旺达邻国乌干达布温迪国家公园的山地大猩猩。这里的植被以及大猩猩族群的结构都同维龙加的很相似。三个未成年的大猩猩来到我们身边，最小的大概 4 岁，他把一只手搁在我的膝盖上，好奇心十足地看着相机，另一只手就来扯相机的绳子。换作野生黑猩猩，绝不会有这样的行为。大猩猩的体形比人类大，所以才敢这么做。对于大猩猩来说，人类很小，他们本来就不怕人。

维龙加和布温迪虽然分属不同的国家，但地理位置相近，只有这两个区域是山地大猩猩的栖息地。据估算，大猩猩的数量非常少，大约只有 800 个，已经到了濒临灭绝的危险境地了。

顺便说一下，动物园里的大猩猩不是山地大猩猩，而是西非低地大猩猩，生活在非洲中部的热带丛林深处。西非低地大猩猩生活在平地上，很容易被捉到，正是出于这一历史原因，动物园的大猩猩才都是西非低地大猩猩吧。

大猩猩分为两大支，分别是生活在非洲大陆东部的东非大猩猩，以及生活在非洲中部到西部的西非大猩猩。山地大猩猩是东非大猩猩的一个亚种，而西非低地大猩猩是西非大猩猩的一个亚种。虽然动物园里就有西非低地大猩猩，但是其野外的生态并不为人所知。我之所以对西非低地大猩猩抱有浓厚的兴趣，是因为黑猩猩和他们生活在同一片森林里，双方划地而居。我想，如果今后有更多人开展对西非低地大猩猩的研究，就可以更好地看到大猩猩鲜为人知的真实面目了。

## 黑猩猩

我一直对几内亚博所的黑猩猩进行连续观察，研究地点在与博所相邻的获得了世界自然遗产称号的宁巴山脉，因此对那里的黑猩猩很了解。但反过来说，博所以外的黑猩猩我就没怎么见过了。因此，我又来到乌干达的卡林滋森林观察野生黑猩猩。

基于自己有限的体验，我试着总结了从非洲各地野生黑猩猩基地得来的报告，数据采集地主要有：坦桑尼亚贡贝溪国家公园，由珍·古道尔开拓；坦桑尼亚马哈雷国家公园，由京都大学的西田利贞开拓、中村美知夫继续研究；乌干达基巴莱国家公园，哈佛大学的理查德·兰厄姆（Richard Wrangham）一直在此进行研究；科特迪瓦的塔伊森林，由德国马普进化人类学研究所的克里斯托夫·伯施（Christophe Boesch）开拓。以上4处再加上博所，从这5处调查点收集到了信息量庞大的研究报告。

现在我来总结一下从野生黑猩猩的自然栖息地生活中发现的内容。

关于黑猩猩族群的成员数量，博所族群是由 20 个左右的个体发展而来的，其他研究地点的个体数量更多，有 40 ~ 50 个。只有乌干达的布顿哥森林是个例外，最近的研究发现，这里的黑猩猩组成了一个约有 200个成员生活在一起的超大型族群。

人科 4 个属中，除了人之外，猩猩、大猩猩和黑猩猩被称为大型类人猿。把他们进行比较，可以看到其族群的鲜明差别：猩猩是独来独往型，不论雄性还是雌性都是独自在森林里活动，非常亲密的社会关系就只有母子关系，这种关系在孩子出生后会维系 7 ~ 8 年。大猩猩的族群则是以银背大猩猩，也就是成年雄性为中心的大家庭，其中有一个成年雄性、多个成年雌性及其孩子，这种一夫多妻制的家庭就是大猩猩的社会结构。

就社会关系这一点来说，黑猩猩要更加复杂一些。多个成年雄性与多个成年雌性会组成一种叫作"族群"的地域性集团。一定的地域范围内只有一个族群，但族群成员并不是一直生活在一起，而是三五成群地分开行动，这样的小团体叫作"集团"。也就是说，虽然在某一地域内有一个共同体，但成员总是交替组合成伙伴团体，以集团的形式行动。

但是，在大型类人猿中，找不到像人类一样以夫妇为核心的家庭结构。这样一比较，也就看出了这 3 个属的社会关系与人类的不同之处。

# 共同养育孩子的人类

## 独一无二的"祖母"

让我们一起来回顾一下雌性黑猩猩的一生。我总结了从非洲多个调查基地收集到的长期研究结果，共包含534个分娩案例，这些案例中的雌性的出生年份和分娩年份都有记录。根据这个统计，黑猩猩的初产年龄在10 ~ 15岁。

黑猩猩大约5年生一次孩子。假定一个雌性黑猩猩从12岁开始生孩子，乘以1.5，就相当于人类的18岁。依照规律推断，她下一次分娩的年龄就是17岁，接下来是22、27、32、37、42、47岁，但到了52岁，再生孩子就有点困难了。

这样算一算的话，黑猩猩一生可以生8个孩子。但是根据统计数据，黑猩猩的幼儿死亡率很高，大约三分之一的孩子未满4岁就死去了。虽然生了 8 个孩子，但有三分之一，也就是 2.4 个孩子会夭折，能够长到超过 4 岁的孩子有 5 ~ 6 个。在此之后的成长阶段，死亡率会大致稳定下来。也就是说，4 岁以后，黑猩猩仍然会以一定的比例死亡。

我自己在野外黑猩猩观察地记录的黑猩猩死亡原因，主要是呼吸系统感染，将死的黑猩猩咳嗽得很厉害。由于以群体的方式生活在一起，黑猩猩在相互见面的时候，会导致感染在更广范围的传播。2004 年呼吸系统传染病流行期间，一个由 19 个黑猩猩组成的族群中，有 5 个黑猩猩死亡，其中婴儿 2 个，年老的雌性 2 个，年轻雄性 1 个。

从这个角度看，自然生活状态绝非安逸，不仅黑猩猩如此，人类也一样。我刚开始进行调查的时候，曾有两位向导，如今那两人都已经亡故了，他们的儿子成了我的向导；之前为我做饭、洗衣服的女人也去世了，女儿继承了她的工作。人生只有 50 年，黑猩猩与人类没什么不同。

从死亡率与出生率可以明确看到"祖母"这一社会角色的作用。黑猩猩的社会关系中没有祖母，雌性是一生现役的妈妈，会持续不断地生孩子。

如果是人类，到了一定的年龄就不再生孩子了，而是会去照顾自己孩子的孩子，也就是孙辈，这是在人类进化过程中产生的育儿模式。怀孕、分娩会受到生理条件的制约，而抚养孩子则会受到社会条件的制约，是社会规定了育儿的模式。在人类进化的过程中，女性进化出了

"祖母"这一社会职能。

经常会听到有人问，那么祖父呢？我的回答是："祖父是副产物。"当然了，这只是句玩笑话，其实祖父也有照顾后代的职责。野生黑猩猩的生活是以集团为单位进行狩猎，在狩猎时，拥有年长雄性的集团狩猎成功率较高。

在狩猎中，有的黑猩猩是哄赶猎物的助手，有的等待伏击，大家各司其职，追杀东方红疣猴等猴子、野猪，以及一种与梅花鹿同类的霓羚亚科动物，然后把猎物大卸八块，生食其肉。正是靠着年长雄性的智慧，黑猩猩族群才能存活下来，因为年长的雄性经历过很多这样的场面，有着丰富的经验。

祖父、祖母这样的角色，在野生黑猩猩群中也略有萌芽，可以稍微看到一点端倪。不过，这种萌芽小到基本等同于无。野生雄性黑猩猩的寿命本来就短，雌性又在连续不断地生孩子。相比之下，人类在进化的过程中，演化出了祖母的职责，随后又演化出了参与照顾孙辈的祖父。


## 爸爸也要参与育儿

担负黑猩猩育儿主要职责的只有雌性。小黑猩猩虽然有着生物学意义上的爸爸，但爸爸很少参与育儿，成年黑猩猩也并不会结成一对一的关系。

在灵长类动物中，人类结成一夫一妻关系的比例超乎想象地高，一对男女分别尽到父母的职责，共同抚养孩子。在这一点上，黑猩猩与人类有着巨大的差异。

这样一比较，就可以得出结论。如前文所述，人类的育儿特征是：不仅有双亲的抚养，还有居住场所附近的叔叔阿姨、学校老师、保姆、社区的支援，属于"共同养育"。人类的育儿行为是很多成年人一起进行的。

# 理解他者
# 之心

上一章讲了亲子关系的进化，这一章我想讲讲在这样的亲子关系中被抚养长大的孩子的心智发展。

首先，让我们从小黑猩猩的视角出发，来看看这个世界。妈妈很好辨认，被自己紧紧抓着、抱着自己的那个就是妈妈。那么爸爸呢？小黑猩猩并不知道自己的爸爸是谁，实际上，这件事连妈妈也不知道。黑猩猩族群里有多个成年雄性和雌性，并不会像人类那样结成一对一的夫妻。

黑猩猩是父系社会，所谓父系就是爷爷、父亲、儿子，每个雄性都留在族群里，而雌性则从其他地方加入进来。这个雌性与群里所有的成年雄性都有可能发生关系，然后生下宝宝。因此，只有通过 DNA 鉴定才能知道谁是爸爸，仅仅通过行为是无法确定的。从小黑猩猩的视角看，所有成年雄性都是爸爸。实际的关系是这样的：谁是爸爸？不确定。谁是哥哥、叔叔、伯伯？都不好说。反过来，从雄性视角来看，这个小黑猩猩是自己的孩子，是爸爸生下的弟弟妹妹，还是兄弟生下的侄子侄女？完全搞不清楚。虽然如此，但重要的是，大家彼此都血脉相连，所以这个孩子也是与自己血脉相连的。

大家非常熟悉的日本猕猴则是母系社会。有很多哺乳动物都是母系社会；与之相对，黑猩猩则是父系社会。人类又该如何界定呢？虽然可以说是父系社会，但实际的社会制度非常灵活。对于人类来说，具有普遍性的是不论在哪里，都存在父母的角色，不单单有母亲、有父亲，还有替代父母职责的成年人，大家会一起养育孩子。

在这样的共同生活中，理解对方的心思、理解他者之心，就显得极其重要了。那么，"理解他者之心"的机能是什么时候萌生的呢？把黑猩猩和人类比较一下，就可以看得更清楚了。

# 社会认知发展的四个阶段

　　理解对方的心，以心换心相互理解。我想在某种意义上探讨一下这种人类的心理活动。

　　要理解对方的心情，刚刚生下来的婴儿是无法做到的。一般认为，人类在 4 ~ 5 岁时才能开始理解别人的想法不一定与自己相同。反过来说，3 岁左右的时候，孩子会认为自己怎么想、自己眼中看到了什么样的世界，其他人便也会有同样的想法、看到同样的世界。

　　心智是分阶段发展的，理解对方心理的能力会慢慢出现。作为心智发展的出发点，人类婴儿"仰面朝天的姿势"的重要性逐渐引起了关注。可以这样认为："正是仰面朝天的姿势使人类得以进化。"这是我与竹下秀子共同研究的成果。

　　仰面朝天的姿势使人类得以进化。等等，难道不是双足直立行走才使人类得以进化吗？一般都是这样认为的吧？人类是能双足直立行走的生物，双足直立行走就是人类的定义啊！然而，如果说人类的常态是双足直立行走的话，那么人类就是始终用双足行走的猴子。而如果从心智萌芽的视角来看，人类的定义就不同了，我认为婴儿仰面朝天的姿势更加重要。人类的祖先走出稀树草原，到大地上来生活，把宝宝放在地面上，让他们仰面朝天地躺着睡觉。我们可以以这个姿势为出发点，思考社会认知发展的四个阶段。

我先简单地介绍一下这四个阶段。

第一阶段，把婴儿以仰面朝天的姿势放在地上，开启了亲子之间的互动。例如，新生儿会有自发性微笑。宝宝出生后，会用微笑影响他人，而看到婴儿笑脸的父母亲人，也会以微笑回应。

第二阶段，仰面朝天可以让亲子的行为同步进行。这种作用也是相互的：妈妈说着妈妈语（motherese），配合婴儿声调的高低，抑扬顿挫地与婴儿说话，亲子之间用有声语言一来一回地交流。仰面朝天的姿势使得母子可以一起吃东西，关键词就是"一起"。而且这种行为不仅局限于亲子，也可以推广到其他伙伴关系中，让双方一起行动。

第三阶段，模仿。当他人做出自己的行为库中没有的行为时，人类会产生强烈的动机，做出同样的事情。在模仿的过程中，重要的一点是：模仿的结果是得到了与他人相同的经验。

第四阶段，理解对方的心理。看到他人的行为后，自己也做出了同样的行为，结果就是自己也产生了相同的体验，于是也就理解了他人因那个行为而生的感想。

　　下面我来详细讲解一下。

# 第一阶段：仰面朝天躺着

婴儿仰面朝天的姿势使人类得以进化。"仰面朝天"与"脸朝下俯卧"是相反的姿势。

人们一般不会注意，但人类婴儿一生下来，就与妈妈分开了，婴儿仰面朝天地躺着。这样的姿势只有人类婴儿才有，没有任何猴子是这样的。黑猩猩虽然也有仰面朝天躺着的时候，但是，小黑猩猩并不会这样，而是与妈妈一直紧紧地贴在一起。由于在树上的时间比较多，所以黑猩猩并不习惯于仰面朝天地躺着，这与在地面上生活是不同的。

灵长类大约有 500 种，让我们来一起看看包括猴子在内，如此种类繁多的灵长类的情况。与我们的共同祖先相近的原猴类中，有些种类会把孩子放在地上，父母抽身离开去采集食物。母子会分开，而不是孩子紧贴着妈妈，妈妈带着孩子去觅食。

哺乳类的共同祖先是在地面生活的夜行性小动物，分娩方式是宝宝直接掉落下来，由于是在地面上，这没有什么不方便的。请大家想象一下牛、马分娩的场景，都是掉落式生产，妈妈虽然就在孩子旁边，但母子是分离的，而不是紧紧贴在一起。

而灵长类是把树上作为生活场所的哺乳类，渐渐地便不能以掉落式的分娩方式生宝宝了。分娩的同时，孩子必须紧紧地抓住妈妈；在树上的时候，母子也一定是黏在一起的状态。包括人类在内，灵长类母子贴在一起的方式共有三种。

第一种方式：孩子抓紧妈妈，妈妈不抱孩子。原猴类里的环尾狐猴，新大陆猴里的松鼠猴、卷尾猴，都是孩子紧紧抓着妈妈，坐在妈妈的背上，而妈妈并没有抱着孩子。因为妈妈有体毛，孩子就会抓住妈妈的体毛，这样会不会很痛呢？实际上并不会。请大家抓住自己的头发试试看。怎么样，不痛吧？

第二种方式：孩子抓着妈妈，妈妈也抱着孩子。属于旧大陆猴的日本猕猴就是这种形式的例子。日本猕猴用四足行走的时候，婴儿会抓着妈妈的毛发，挂在妈妈胸前，而妈妈是腾不出手来抱婴儿的。但当妈妈停下来以后，躯干直立起来，双手就自由了，这时妈妈就会用手扶着孩子的背，抱着孩子。出生后大约半年，日本猕猴宝宝就能靠自己的力量坐在妈妈的背上了。黑猩猩也会这样抱着孩子，只是新生儿的抓握力量比较弱，妈妈经常要腾出一只手来扶一把，也就是抱着孩子。

第三种方式：孩子并不会抓着父母，而是父母抱着孩子。这就是人类的方式。

把日本猕猴、黑猩猩和人类放在一起，可以推测出从三个种类的共同祖先开始进化到人类，中间经历了怎样的过程。就像前面说过的那样，黑猩猩的亲子关系体现了日本猕猴和人类之间的形态：日本猕猴是用四只手足紧紧地抓住妈妈，黑猩猩则是用两只手抓着妈妈，但足部的力量不足。小黑猩猩用自己的力量抓着妈妈的体毛，但力量不够，因此妈妈会腾出一只手扶着背上的婴儿，用双足加另外一只手来行走。

不论是移动的时候，还是停下来休息的时候，基本上都是亲子紧贴在一起，这是非人灵长类动物的共同特征。而人类则不同，因为是在地面上活动，每当停下来休息的时候，就会把婴儿放到地上，而且通常会是仰面朝天的姿势。其他猿类由于基本在树上生活，不可能把婴儿放到树枝上；而从树上移到地面生活的人类，则无法形成"贴在一起的亲子关系"。

恐怕是因为身体没有贴在一起，所以人类才演化出了心灵相通的独特亲子关系吧。亲子仍然有必要紧密联系在一起，因此，我们把心灵连在了一起。我认为，心灵相通就是从人类婴儿稳定的仰面朝天躺姿中发展出来的。

仰面朝天的姿势为什么很重要呢？我总结出三个要点：

·母子之间可以进行目光交流，互换微笑；

·母子间能用声音相互交流；

·孩子的手是自由的，可以操纵东西。

下面就来逐一说明。

## 目光交流与互换微笑

仰面朝天姿势的第一重意义就是目光交流和互换微笑。

面对面是必要条件。请想象自己是黑猩猩妈妈，一直把孩子抱在胸前，是不是很难看到彼此的脸呢？如果让孩子离开胸前，虽然勉强可以面对面了，但这就好像把孩子从妈妈身上撕下来一般，而孩子贴在妈妈的胸前很舒服，并不想离开。

众所周知，人类的新生儿会出现自发性微笑。所谓微笑，其实就是做出嘴唇横向伸展、嘴角上扬的动作，露出笑眯眯的表情。

新生儿期指的是刚刚生下来的时候，对人类来说，从出生到 1 个月为新生儿期。在这个时期，尤其是在出生后的前两周左右，经常可以观察到新生儿的自发性微笑。没有什么特别的理由，刚生下来的婴儿就会绽放笑颜。因为不发出声音，只是露出笑颜，所以并不是"笑"，而是

"微笑"。在婴儿的耳边弄出声音，或是摇晃婴儿床发出"咔嗒"的声音，婴儿也会露出微笑。可以说，人类婴儿与生俱来就会微笑。

新生儿期的自发性微笑还有很重要的一个特点，那就是眼睛是闭着的。婴儿闭着眼睛，露出笑眯眯的表情；父母看到后，便也会露出微笑。但是仔细想想，婴儿微笑时是闭着眼睛的，并不是在朝着谁笑嘛。

出生大约 3 个月后，婴儿才会睁开眼睛，一边望着对方的眼睛，一边露出微笑。睁开眼睛，认真地看着对方的脸微笑，多可爱呀！这时的微笑就与成人的一样了。到了这个时期，新生儿期特有的自发性微笑渐渐消失，开始出现社会性微笑。这两种微笑大致上是依次出现的。

自出生起，人类就会微笑。而我们的研究则发现，黑猩猩也有新生儿期特有的自发性微笑，甚至日本猕猴也有同样的可以称为新生儿微笑的表情。微笑的进化，也许起源于更早的时候。


## 用声音交流

仰面朝天姿势的第二重意义是让母子双方能用声音交流。

发出声音，就可以叫来妈妈或周围的成年人，这是人类母子间特有的交流方式。为什么呢？因为人类的母子是分开的。如果观察日本猕猴母子，会发现亲子间是没有声音交流的，黑猩猩也没有，大猩猩与猩猩同样如此，妈妈不会用声音呼唤孩子，因为这些母子一直紧紧地贴在一起。

人类以外的猿类的孩子，也会在遇到不顺的时候小声发出"咕咕"的声音；在非常不愉快的时候，还会发出"嘎嘎"的悲鸣声。听到这样的声音后，妈妈会立刻采取相应的措施。但是，在猿类的亲子之间并没有一来一往的声音交流。

人们通常不会注意到，所谓的"婴儿夜啼"只有人类才有。婴儿晚上哭闹是为了把妈妈叫到身边，而小黑猩猩绝不会夜啼，因为根本没有必要，妈妈一直都在孩子身边。与此相对，人类的母子在物理空间上是分隔开的，才有必要发出声音把对方唤过来。如果婴儿哭的时候，妈妈不能立刻来到孩子身边，那么就算婴儿还听不懂，妈妈也会告诉他："宝宝乖，稍等一下，妈妈马上就过来啦。"人类的亲子之间存在这种声音的交流，一来一往之间，婴儿不久就会开始学着说话了。

实际上，在人类出生后大约2个月，仰面朝天躺着觉得很舒服的时候，就会发出"啊——""呜——"这样的长音，称为牙牙学语；作为应答，妈妈也会以妈妈语回应。妈妈语的特征是配合婴儿声调的高低，用更高的语调，抑扬顿挫地与孩子交流。正是因为人类的母子是分离的，亲子之间才会有通过声音一来一往的交流。

以仰面朝天姿势躺着的婴儿，用声音与妈妈相互交流。这种现象在人类以外的猿类以及其他动物身上都没有发现。可以说，这是一种极具人类特性的行为。

## 用手操纵东西

仰面朝天姿势的第三重意义是双手自由，可以操纵东西。

人类并不是因为双足直立行走之后，双手才得以自由的，这一点非常重要。人类婴儿仰面朝天地躺着，体重由背部支撑，因此，从出生起，人类的双手就是自由的。

人类用自由的双手操纵东西，抓握，手掌一收一展，捏着橡皮奶嘴往嘴里塞，把东西从一只手递到另一只手里——就这样自由地操纵物体。这为使用各种各样的工具奠定了基础。

再强调一下要点：人类的双手一生下来就是自由的。不需要用手支撑体重，而是仰面朝天地躺着，由背部支撑体重——正是由于这个姿势，人类的双手得以解放，变得可以自由操纵东西。同时，母婴间的关系也发生了变化：婴儿没有必要牢牢地抓紧妈妈，双手因此被解放出来。人类的进化过程，并不是从双足直立行走开始令双手得到解放，而是从婴儿离开妈妈身边、仰面朝天安稳地躺着的姿势开始，双手就获得了自由。

自由的双手可以操纵各种各样的东西，由此才发展出了各种工具。更重要的一点则是挥手和比画，动动手指就能表达心中的想法，相当于手语。用手指东西就是个好例子。猴子不会像人一样，通过伸出食指指着某样东西，起到表达的功能。虽然黑猩猩、猩猩也有类似于用手指向的能力，但基本上都是用整个手掌来表示方向。而人类的双手，每一个指头都是独立的，手指在身体语言的交流中起到了重要的作用。

# 第二阶段：动作同步

之前我详细地讲解了人类婴儿仰面朝天姿势的意义，接下来，我会继续讲讲社会认知发展的其他几个阶段。

在社会认知发展的第二阶段，亲子行为可以同步进行。这不是先天就有的本能，而是后天习得的。婴儿与妈妈经年累月一起度过，一起做着同样的事情。比如，亲子会一起吃东西。在相处的过程中，妈妈吃的东西，渐渐地孩子也开始吃了，甚至妈妈正在吃的东西，孩子会死乞白赖地也想要。结果就是，亲子吃起了同样的东西。从共处到共食，因为共处，所以会做相同的事情。

同步行为并不局限于亲子之间。孩子稍微长大一些后，会和年龄相仿的孩子们一起玩耍，小步、库莱欧、帕鲁这三个 2000 年出生的小黑猩猩经常在一起玩耍。观察他们的行动，就会发现只要有一个在爬树，其他两个也会去爬树，一个跳下来，其他两个也会跳下来，他们的动作是同步的。这并不是模仿行为。模仿行为是指通过模仿，得到做同一件事的体验。而这三个小黑猩猩的行为是经常一起做同样的事情，称为动作同步。

在心理学中，还有一种叫作"共同注意"的现象。如果有一个人正在看什么东西，其他人也会被吸引得朝同一方向看过去，这就是共同注意。在这种时候，还会出现一边用食指指向某个方位，一边说着"哎呀，快看"，其他人则连连追问"哪里哪里"的现象。看同样的东西，听同样的东西，吃同样的东西，结果就是做同样的事情，获得同样的经验。我们可以认为，这是在为认知发展的下一个阶段——模仿——打基础。

# 第三阶段：模仿

社会认知发展的第三个阶段是模仿。在前一个阶段，孩子与父母之间会自然而然地行为同步，吃同样的东西，做同样的事情。

而模仿则是做出自己的行为库里没有的行为。这件事经常看到别人做，自己却没有体验过，也就是说，别人在做什么新鲜的动作。

人类会产生"想做同样的新动作"的强烈动机，黑猩猩也会想做与眼睛看到的一样的事情。模仿这一行为本身就是目的，可以说是一种极其原始的动机。模仿的结果并不是获得什么具体的物质，仅仅是想要尝试一下做同样的事情，就是这样朴素的欲望。

这里的重点在于通过模仿得到的结果，是"获得与他人相同的经验"。就这样，通过模仿，人们得到了"相同的经验"，最终便可能产生"同感"。

模仿的前提是我与你、主体与客体分离，说模仿行为与自我认知同义也没什么不对。自我认知是指，知道自己是谁、有自知之明、知道自己的能力范围、能认识到自己与他人有什么不同。只有拥有自我认知，才能产生模仿行为。

虽然我们常说"猴子学样"，但其实猴子并没有模仿行为。"猴子在模仿"这个想法是人类单方面强加给猴子的。我们在电视上看到猴子在反省、敬礼、跳跃等，都不是模仿，而是因为猴子的姿态与人类很相似，动作也相似，猴子只是做了人教给它的动作而已。我们做了让日本猕猴照镜子的实验，不论看多少次，它都无法辨别出镜子中的映像就是自己。

相比之下，黑猩猩知道镜子中的映像是自己。仅仅是看到人类的动作，他们就能模仿到一定的程度，但也并不是无论什么动作都能模仿。

只有人类，堪称模仿能力强大，可以出色地模仿对方的动作，也能辨认出镜子中的映像是自己。一般来说，3岁以下的孩子会质朴地认为自己眼中看到的世界与父母是一样的，他们虽然能模仿，但还不纯熟；到了4～5岁，孩子第一次确立了主体与客体分离的概念后，就变得可以理解对方的心情了。

对于黑猩猩来说，模仿是件难事，能够做到看一眼就学得有模有样的只有人类。但是也有例外情况。我想介绍两件趣事。

第一件是灵长类研究所的库萝艾的例子。我试着把玩具电话交给库萝艾，这还是我头一次这么做。不过在此之前，库萝艾已经透过笼舍的铁丝网看到了人类的生活，见惯了我们每天使用电话的样子。

库萝艾和我面对面坐着的时候，我把玩具电话放到耳边，说着："喂。""好的好的。""是的。"假装能听到电话另一头有人说话，向她展示我接电话时的样子。

我假装打电话没有多久，就挂断了电话，结束了这场演技拙劣的演出，把玩具电话放到地板上。终于轮到库萝艾打电话了。她从地板上拿起电话，立刻放到了自己的耳边，也许想听听到底有什么声音，当然了，她什么声音也听不到，于是，她又把电话放到了我的耳边。

我立刻装作能听到声音的样子，大声说着："好，好。""是的。"于是，库萝艾再次把电话放到自己的耳边，还是什么都听不到。

从这件趣事中能看出，与是不是第一次拿到电话没有关系，她理解了电话这个东西的功能。库萝艾一下子就模仿了自己司空见惯的人类行为，很厉害吧！

接下来，我想介绍一个在野外见到的例子，是一个取名为弗朗雷的4岁雄性黑猩猩的趣事。在我们观察黑猩猩用石头砸开油棕果核的野外实验场，来了一小群黑猩猩，妈妈芳蕾和儿子弗朗雷也在其中。那个男孩子目光敏锐，一下子就发现了地面上有个用油棕叶子编的帽子，他把帽子捡起来，正正地戴在了头上。

博所村的村民们搬运重物的时候，会用油棕叶子编的帽子做垫子，戴在头上，再用头顶着重物，帽子用完后就随手一丢。前几天，村民来这里运走了很多油棕的果实，这顶帽子一定是那个时候被丢在地上的。

头顶着油棕叶帽子的弗朗雷，就像担心妈妈不容许他有如此奇妙的举动一般，手舞足蹈地逃走了。

这个情节可以解读为模仿行为中的延迟模仿（deferred imitation）。黑猩猩见过村民头顶草帽的情形，过了一段时间后，他发现了草帽，立刻戴在头上。黑猩猩好厉害啊！让我看到了这么精彩的一次模仿。

# 第四阶段：理解对方之心

社会认知的第四个发展阶段，就是理解对方之心。这种能力有很多名字，有人称为"理解他者"，有人称为"心理理论"，总之就是理解到他人的心理与自己的心理是不同的这样一个事实。

模仿对方的行为与理解对方之心有什么关联呢？我认为，也许二者是以通过模仿而获得的经验为媒介，联系在一起的。看到他人的行为，于是自己也做了那个行为，结果是自己获得了和他人相同的经验，因此也就能够理解别人由该行为而萌生的心理了。

**08**

# 合作的智慧

在前一章里，我介绍了社会认知发展的四个阶段。在实际生活的场景中，如何使用经由认知发展而获得的社会认知能力呢？世界并不是自己一个人的世界，而是需要在与伙伴息息相关的各种关系中发挥认知能力的世界，例如伸出援助之手、协同合作、倒戈叛变等。在社会场景中，心智又起着什么作用？这些问题怎样用实验去解析呢？我从利他、合作、互惠的视角，思考了心智在社会场景中的功能。

# 对孩子伸出援助之手

博所的野生黑猩猩让我颇为震惊的一点，是具备"伸出援助之手"的行为。这是发生在妈妈吉莉和她当时 2 岁半的女儿小佳之间的事。当时，母女俩正在树枝间穿行，对于小黑猩猩来说，两根树枝之间的距离太远了，跳不过去，于是孩子轻轻地发出了"呼呼呼"的叫声，妈妈立刻转过头，伸出手把孩子拉了过去。

此外，还有另一种情况，孩子并没有什么特别明确的要求，但妈妈也向孩子伸出了援手。我想介绍一下在博所观察到的"妈妈当桥"的案例，如果着眼于亲子关系，这是一种经常能看到的行为。

黑猩猩经常爬到树顶部的树冠部分，从一棵树移动到另一棵树。以成年黑猩猩的体格，只要一直爬到某棵树的树梢，再伸手够到旁边那棵树，就可以荡过去。但是，小黑猩猩就困难了，因为树梢之间的间隔对他们来说太宽了。这个时候，妈妈就会把自己的身体变成"桥"：在这棵树上，抓住旁边那棵树的树枝，但自己先不过去，而是抓住两边的树梢，停在那里。接下来，3 岁左右的孩子就会攀着妈妈的手臂、肩部、头，爬到妈妈的另一边肩膀上，再经过另一只手臂爬到旁边那棵树上去。妈妈变成了"桥"，让孩子从这棵树的枝头爬到了另一棵树的枝头。

3 岁的小黑猩猩真是备受宠爱！如果是不满 3 岁、还在幼儿期的孩子，只要抱着妈妈的肚子就可以一起过去了；等到 4 ~ 5 岁的时候，则已经长大了一些，可以像妈妈一样，抓着树枝移动到旁边那棵树上去，甚至还可以果敢地从这棵树的树枝直接跳到旁边那棵树的树枝上。只有在 3 岁左右这个半大不大的时期，才能看到妈妈做"桥"帮助孩子爬到另一棵树上。

哪怕持续不断地观察日本猕猴，它们也绝不会表现出像黑猩猩这样的利他行为。和人类一样，黑猩猩对处于困境中的个体会伸出援助之手，不为自己，而是为了对方做出某种行为，支撑这类行为的是"利他性"，与为了自己而做出某种行为的"利己性"相对应。

正是因为具有利他性的特征，我们才成为人类。所有种类的日本猕猴都没有向他者伸出援助之手的利他行为，但在黑猩猩中就能看到。而在人类中，利他性的例子多如牛毛，举不胜举。

人类从灵长类的共同祖先分支出来，一路进化，我想，正是利他性使得人类可以被称为人。接下来，我想详细介绍、解析我们以利他性为焦点而设计的实验研究，我认为正是这些实验体现了黑猩猩研究的意义所在。

# 黑猩猩的利他行为实验

## 劳动者与寄生虫

我认为，利他性是人类独有的特性。关注与利他性相关的文献，会发现几个先驱性的实验研究，是针对人类以外动物的利他性的，其中最令我感兴趣的是"劳动者与寄生虫"研究。这是一个在20世纪50年代进行的经典实验研究，由西方心理学家奥瓦尔·霍巴特·莫勒（Orval Hobart Mowrer）和希拉里·奥德菲尔德－博克斯（Hilary Oldfield-Box）设计。下面便来介绍这个以老鼠为实验对象的研究。

首先，训练老鼠按杠杆，然后把老鼠放到叫作"斯金纳箱"（Skinner Box）的箱子里，老鼠只要在箱子里按下杠杆，就会有饵料掉下。所谓杠杆，是一个像撬棒一样的凸起部件，按一下杠杆，下面的饵料槽里就会掉出食物。

老鼠按杠杆，饵料槽里就出现食物。这样的训练比较简单，所有老鼠都能学会按杠杆。只要把老鼠放到箱子里，它们就会开始按。

然后，实验者把这个箱子稍微调整了一下，将杠杆和饵料槽的位置分开，在一面墙上安装杠杆，在对面的墙上放置饵料槽，二者相隔甚远。这样安装好后，往箱子里放入三只老鼠，每只老鼠都已经了解了杠杆和食物的关系：按下杠杆，食物就会掉出来。但现在，按下杠杆后，食物会从离杠杆很远的饵料槽里掉出来，那么会出现什么样的情况呢？

实验者每天训练老鼠30分钟，一共进行了12天。起初，三只老鼠川流不息地轮流按下杠杆，然后奔过去吃食物，不一定是按了杠杆的老鼠吃到食物，场面相当混乱。

但是，在反复进行实验的过程中，可以非常清楚地观察到，情况变化了：有一只特定的老鼠会非常卖力地按杠杆，每按几次杠杆，就去饵料槽吃食物，这是一只勤劳的劳动者老鼠；而另一边，还有两只不工作的老鼠，根本不过去按杠杆，只是在饵料槽旁边等着，趁劳动者老鼠按了杠杆但还没赶到的时候吃掉饵料槽里掉出来的食物。

虽然有三只老鼠，但只有一只按了杠杆，剩下两只根本没按杠杆，只负责吃而已。不论是谁按了杠杆，都会出现食物，一开始，老鼠们还是会遵守规则，争先恐后地逐一去按杠杆，看起来很不错。但最终的结局却大不相同。到最后，只有一只老鼠工作，另外两只却坐享其成，工作的这一方叫作"劳动者",不工作的那一方叫作"寄生虫",寄生于劳动者的劳动成果。

第一次放入箱子里的三只老鼠分成了劳动者和寄生虫,接下来的三只也一样,实验者反复进行实验,发现老鼠们一定会分成劳动者与寄生虫。

在此我还想介绍另一个实验。巴兹尔·鲍德温(Basil Baldwin)等人用两头猪做了同样的实验,让猪学会用鼻子去压杠杆,饵料槽就会掉出食物。经过训练后,把两头猪一起放入杠杆和饵料槽相隔很远的"劳动者·寄生虫"实验装置中,观察是哪头猪压了杠杆。结果发现,有一头猪连续压杠杆,另一头则基本不压,也就是一头猪是劳动者,另一头猪成了寄生虫。在劳动者往返饵料槽的间歇中,另一头猪沾了劳动者的光,大吃特吃。

不管是老鼠还是猪,不管是三只还是两头,都没有关系,得出的结果都是它们必然会分化为劳动者和寄生虫。

这些实验对象为什么会成为劳动者,又为什么会成为寄生虫呢?把之前实验中的劳动者老鼠放进一个组,寄生虫放进另一个组,这两个组之间会不会有差别呢?也许,老鼠之中有天生的劳动者与寄生虫之分?这会不会是由基因决定的呢?

于是,在区分了劳动者和寄生虫之后,实验者又用老鼠进行了进一步的研究，分别以劳动者和寄生虫为被试进行实验。那么，接下来发生了什么呢？

在劳动者这组，因为都是劳动者聚集在一起，所以两只老鼠大概都会劳动，分别去把食物弄到手吧？在寄生虫这组，因为都是寄生虫，两只老鼠都不工作，抱着等别人动手的态度，所以大概会根本弄不到食物吧？但是，实际的情况与预期结果不同：每组老鼠中仍然分化出了劳动者和寄生虫。

在劳动者这组，又划分出了劳动者和寄生虫；寄生虫这组也是一样。也就是说，不存在与生俱来的劳动者或寄生虫。实验的结果是，成为劳动者还是成为寄生虫，会依情况不同而变化。

如果把实验对象换成人的话，应该也会有劳动者和寄生虫之分吧，只是不一定能分得那么清楚罢了。根据一起共事的两个人的关系，以及不同的条件与情况，可能会出现各种各样的状况。

例如，也许会出现"我来为你按杠杆，你可以什么也不用干，就在那里吃吧"的利他行为，这就是"劳动者·寄生虫"组合。但是，我们也可以预测其他结果，比如"这一次我按杠杆，你取食物，下次换你按杠杆，我来吃"，这则是一种"互惠合作"组合。

如何解决杠杆和饵料槽相互分离的问题？实验对象应当如何合作？会不会出现互惠合作？这样尝试实验的话，在两个人、三个人或者多个人之间，便会萌生各种心理活动，这是一个让我兴趣浓厚的研究主题。那么，黑猩猩的情况如何呢？

## "进退两难游戏"

这是我和当时还在读研究生的日上耕司共同进行的研究。从"劳动者·寄生虫"实验，我们想到了用黑猩猩来做"进退两难游戏"的实验。所谓进退两难，是指陷入"进退维谷的困境"那种情形。同时有两件自己想要做的事情，做了其中一件，就必定无法做到另一件，这样苦恼的状态就叫作"进退两难"，鱼与熊掌不可兼得。

在我们的实验中，杠杆与饵料槽之间的距离大约有 7 米，压 10 下杠杆，7 米之外的饵料槽里会掉出一粒葡萄干，这就是我们设计的实验条件。接下来，我们分别对小爱和小亮进行了压杠杆的训练，他们很快便学会了。然后我们便把他们放到了一起。

这两个黑猩猩在一起的第一天，都压了杠杆，由于饵料槽离得很远，如果小爱压了杠杆，小亮就去取，小亮压了杠杆的话，小爱就去取，"我为你压杠杆，你也为我压杠杆"，一直这样运行良好。从表面上看，互惠合作成立。可是，他们到底能不能真正结成互惠性关系呢？结果是不能。

到了第三天，互惠合作就解体了。只要小亮在饵料槽前站着，小爱便不肯压杠杆，因为一旦压了，葡萄干就会被等在饵料槽前的小亮拿走。过了一会儿，小亮站起来离开后，小爱才开始压杠杆，然后大老远跑过去自己取葡萄干。

小爱朝饵料槽那边移动的时候，杠杆前就没人了，于是小亮就去那里压杠杆，结果小亮压出来的葡萄干也被小爱吃掉了。小爱等在饵料槽那里，小亮自然吃不到。最后小亮也不压杠杆了，离开了那个地方。于是小爱又慢慢地朝杠杆走去，但只要小亮在饵料槽前待着，她就绝对不压杠杆。

更加过分的是，小爱还会主动把小亮轰走，把他赶到另一边去；而小亮也不服输，施以反攻；两个黑猩猩于是大吵大闹起来。不过，打过之后便要和解，这是黑猩猩打架的特征。和解的方式是理毛。小爱给小亮理毛，作为回馈，小亮也给小爱理毛，两个黑猩猩相互理毛，达成了和解。平静下来后，小爱又回到了杠杆那里，压下杠杆，去饵料槽取食。

这样反复几次后，小亮终于远远地离开了饵料槽，缩到房间的一角去了，只剩下小爱独自在杠杆和饵料槽之间往返劳动取食。

事情就以这样的方式稳定下来，形成了小爱独占的局面。这种独占要持续到什么时候呢？我们狠狠心，连续进行了8个小时的实验，一直把处于这种局面下的两个黑猩猩放在一起。

结果，出现了"爆发"的现象。所谓爆发，就是某个黑猩猩接连不断地压杠杆。小亮突然抢到杠杆那里，连续不断地压，小爱则等在饵料槽那里吃。每压10下会掉出一粒葡萄干，小亮一口气压了800下，掉了80粒葡萄干出来，全被小爱吃得干干净净。

我们仍继续进行实验。在实验开始的3个半小时后，再次出现了爆发现象，这一次小亮连续不断地压了900下杠杆，把90粒葡萄干全部拱手让给了小爱。终于，小亮停止了压杠杆。在8个小时内，一共观察到了两次爆发现象，每一次都是小爱独占了食物。看到小亮那么疯狂地压杠杆，你一定觉得他也该吃到些什么吧？可是，小亮连一粒葡萄干都没吃到。

接下来，为了进一步确认这个实验的结果，我们把杠杆和饵料槽之间的距离增加到了15米，而且不仅改变了距离，还干脆把饵料槽放到了另外一个房间。我们在顶棚上做了通道，让黑猩猩可以从一个房间移动到另一个房间。如果小亮在有杠杆的那个房间里压杠杆，小爱就会在有饵料槽的那个房间里等待，做好吃葡萄干的准备。在这样的新条件下，压杠杆的频度变得格外低，而小爱独占食物的结果依然没有改变。

小亮不在饵料槽附近的时候，小爱就会到放杠杆的那个房间里去压杠杆，然后迅如脱兔般经由顶棚的通道跑到相隔15米的另一个房间里，去吃掉出来的葡萄干。这个实验进行到第7天，发生了戏剧性的变化：小爱竟然连续压了160下杠杆，16粒葡萄干接二连三地从相隔甚远的饵料槽里掉出来，而她只是慢腾腾地朝隔壁的房间走去，把葡萄干全都吃掉了；小亮则一动不动地待在房间的角落里。小爱大概已经把小亮看透了，看出他毫无斗志，对如此事态已经放弃了吧。就这样，小爱掌控了整个局面。

总结一下，在"进退两难游戏"中，结果是"小爱的东西是小爱的，小亮的东西也是小爱的"。小爱独占了劳动成果，小亮则一味奉献，但这样的奉献不会长久持续。

后续，我们又让雷欧、波波、潘和库萝艾四个年青一代的黑猩猩参加了同样的实验，也就是做了追加测试。在这四个黑猩猩中，只有雷欧是雄性，其他三个都是雌性。把这四个黑猩猩按照两个一组进行分组，合计可以得到6个分组，分别进行了实验。实验结果与小爱、小亮组合完全一样：总是有一个黑猩猩独占，另一个黑猩猩奉献。以成绩优劣为顺序排列是：雷欧、波波、潘、库萝艾，雄性的雷欧夺冠。这也是平时在这几个黑猩猩的社会生活中通过打架的胜负所体现出来的优劣顺序。各种不同配对分组进行实验后，结果都一致：强的一方独占，弱的一方奉献。可以说小爱与小亮实验的结果具有普遍性：黑猩猩在面对"进退两难游戏"的局面时，会以分成独占和奉献两种角色告终。人类可以相互奉献、相互获利，结成互惠关系；但实验结果表明，黑猩猩无法结成互惠关系。

# 黑猩猩同伴之间的合作

黑猩猩之间不是没有协同合作吗？虽说常态如此，不过还是让我们先想象一下野生黑猩猩的场景吧。我每年去非洲观察野生黑猩猩，至今已经超过 30 年了。野生黑猩猩会合作吗？仔细想了想，好像并没有真正称得上合作的情形。

硬要说的话，我介绍野生黑猩猩生活的时候曾提到过的"过马路"应该算是个好例子。一个黑猩猩集团在横过危险的马路时，雄性、雌性会分担不同的职责，守护好孩子们。除了这个例子以外，就没有其他能体现黑猩猩合作的例子了。

在对伙伴关系的相关心智研究中，平田聪设计了一个实验装置，能够巧妙而成功地展现出黑猩猩的合作行为。这个构思独特的装置在全世界都非常著名，就以他的名字命名，叫作"平田装置"，这在学术研究界是一件很难得的事。下面我来介绍一下平田装置。

把食物放在围栏外的一个平台上，因为有围栏阻挡，无论黑猩猩怎么伸手都够不到。但是，放食物的平台上连着一根绳子，绳子头伸进了黑猩猩的隔间里，只要拉这根绳子，就能把放食物的平台拉过来，拿到平台上的食物。

在设计这个装置时，平田略微动了一点脑筋，把连接平台的绳子做成了活动的。平台上有个小孔，绳子从孔里穿过，因此必须拽着绳子的两端同时用力，才能把平台拉过来，只拉一端的话，则会把绳子从孔里抽出来。

更进一步，放置两个积木块，中间间隔适当的距离。例如，在两个积木块之间插一根棍子，棍子的长度为 2 米左右，再在积木块上的盘子里放上香蕉、苹果等奖励。两块积木上都打了孔，绳子依次穿过两个孔，这样一来，要把放食物奖励的盘子拉到身边，就需要两个黑猩猩同时拉绳子的两端，否则绳子就会从孔里被抽出来。

这个研究叫作"拉绳子"。通过这样的装置，就可以展现出黑猩猩的合作行为了。下面我来介绍实验结果。一开始，哪怕连接积木块的绳子两端都在手边，黑猩猩也只会拉绳子的一端，这样一来，绳子就从孔里被抽出来了，绳子的另一端也跑到了围栏外面，怎么都没办法把平台拉到身边，拿到食物。反复几次失败后，黑猩猩终于学会了，必须同时拉绳子的两端，才能把平台拉到身边来。

这时候，平田装置登场了。绳子的两端相距 2 米左右，也就是说，一个黑猩猩无法同时拉到绳子的两端。我们把两个黑猩猩同时放进房间里，他们都很了解怎样拉绳子才能拿到食物。开始，他们只是看着自己眼前的绳子，某个黑猩猩一拉之下，绳子的另外一端就跑到围栏外面去了，根本行不通。这样反复失败了几次后，两个黑猩猩终于齐心协力，开始同时拉绳子的两端。

仔细观察合作行为发生的过程，可以发现两个黑猩猩不一定达到了同样的理解水平，一边的黑猩猩似乎非常理解平田装置的结构，而另一边的呢，则让我们很怀疑他到底理解到了什么程度。不过，他们都是知道要拉绳子的，只是一个技术娴熟，另一个技术生疏。技术娴熟的那个黑猩猩来到绳子的一端，等到生手也来到绳子的另一端，开始拉绳子的时候，技术娴熟的那个黑猩猩就根据生手拉绳子的情况做出调整，一起把平台拉到身边来。如果技术生疏的那个黑猩猩没有马上拉绳子的意思，技术娴熟的这一方就会试着轻轻拽绳子，动作和钓鱼时试探鱼儿是否上钩似的，只把绳子往前稍微拉一点点。就这样，技术娴熟的黑猩猩以幅度很小的动作轻轻地拉着绳子，向技术生疏的对方发出信号，等着对方也拉起绳子的另一端，然后，技术娴熟的这一方就会像拉钓竿一样使劲拉绳子，结果就是两边同时用力，把绳子往里拉，平台就被拉过来了。虽然乍一看是"合作"关系，但实际上，拉绳子的双方并没有以同样理解任务作为基础。因此，要确定这是不是真正意义上的合作和互惠，看来还是相当困难的。

后来，克里斯·马丁（Chris Martin）把这样的合作行为以电脑实验的形式再现出来，首创了"电脑圆形剧场"。

学习过数字序列的两个黑猩猩，分别负责一台电脑屏幕的左右两边画面，左边显示2、3、5、8，右边显示1、4、6、7。黑猩猩的任务是按顺序依次触摸屏幕上的各个数字，从右边屏幕的数字1开始，接下来则触摸左边屏幕上的数字2，就这样按照右、左、左、右、左、右、右、左的顺序，由两个黑猩猩分担任务。这个协同合作任务不需要太多的训练，两个黑猩猩便能出色地合作完成，真是令人吃惊。

# 难以达成的互惠

平田是最先开始研究社会认知的。以此为基础，山本真也与田中正之的科研团队更进一步，以黑猩猩的利他性、互惠性为核心展开了研究。

在实验中，实验者用到了硬币，也就是货币。实验设计的场景是：把硬币放到自动售货机里，就会掉出商品来。

首先介绍一下实验装置。在原本小爱与小亮进行"进退两难游戏"的房间里，只有一对实验装置：杠杆和饵料槽，也就是在一个房间里安装了一对装置。山本他们对此进行了改造，让两个黑猩猩分别待在各自的房间里，相互间并不连通，每个房间里都安装了一对实验装置。这样一来，就把"两人、一室、一对装置"改造成了"两人、两室、两对装置"。虽然只是一点小小的变动，却由此获得了重大发现。

有黑猩猩 A 和 B。A 往自己房间的装置（自动售货机）里塞硬币，

B 所在的房间就会掉出苹果；B 往自己房间的装置里塞硬币，A 所在的房间就会掉出苹果。从一开始，双方就只能做出利他行为。

结果是，最初双方都会投币，看起来互惠合作似乎是成立的。但是，A 投币，B 取货，A 再次投币，仍然是 B 取货，接着还是 A 投币，B 取货，一直这样下来，总是一方单方面地持续获利，最后 A 就不投币了。而 B 也不肯投币。两个黑猩猩各自拿着 500 枚硬币，就这么僵持着。其实只要相互投入硬币，双方便都可以得到苹果，但双方却都不肯投币。真是太绝了！这种结果是人类无法理解的。上述一系列的研究表明，黑猩猩很难为了对方而行动，做出利他的互惠性行为。


总结来说，我们设定了各种各样的场景进行研究，结果发现黑猩猩与人类不同，很难达成互惠合作。反过来说，互惠利他是人类独有的特征。

# 文化的产生
与传承

不同地域、不同民族拥有代代传承的文化，这是人类的特征。文化是如何产生的呢？通过研究黑猩猩族群中的文化，人类的文化便也可见一斑了。

知识、技术、价值等东西是如何产生的？又是如何跨越时代而代代相传的？应该都是在族群中积累、传承的吧。在文化传承的过程中，教育起着尤为重要的作用。基因是与生俱来的，与此相对应，通过学习、教育代代相传的则是文化。

黑猩猩式教育方法，可谓"不以传授教育，通过见习学习"。

# 使用石器的文化

博所的黑猩猩会用一组石头作为砧板和锤子，砸开坚硬的油棕果核，取出中间的果仁吃。他们是使用石器的黑猩猩。

石器使用是一种文化传统，因为只有在博所才能看到这样的行为。黑猩猩分布的地域辽阔，从东到西，在非洲赤道附近的热带丛林以及周边的稀树草原都有。但是，只有博所这里的黑猩猩会使用石头砸开油棕果核。与人类一样，黑猩猩也有只在某个地域才能看到的工具使用行为，也存在文化现象。我成了发现这种文化行为的先驱。

调查结果表明，黑猩猩的工具使用有着因地域而异的文化传统。为了了解博所黑猩猩的石器使用传播范围有多广，我还特地去观察了住在博所周边的其他黑猩猩族群的情况。

1993 年，我和当时还是研究生的山越言一起去了位于宁巴山脉以西山麓的塞林巴拉村；1994 年，我又一个人去了位于宁巴山脉以东山麓的伊雅莱村，这个地方是位于邻国科特迪瓦的黑猩猩调查点。接着，我和塔季扬娜·胡姆勒一起，在伊雅莱村展开了连续调查。

1998 年，由我、塔季扬娜·胡姆勒、凯瑟琳·库普斯三人组成了研究小组，正式开始在宁巴山进行连续调查。从那时起，一直到 2014 年因埃博拉出血热而中断研究，我们进行了大约 7 年的连续调查，这都要感谢专心致志的库普斯和她的学生们。

此外，还有一个叫作尼古拉斯·格拉涅尔（Nicolas Granier）的学生单枪匹马地前往宁巴山脉东北的贡艾拉区域做调查。在此期间，我也到宁巴山的西北部做了调查。

就这样，我们开展了广泛的调查，以宁巴山脉西边山麓为起点，再到西北、东北、东南，基本上绕着宁巴山走了大半圈，进行了各个地点的定点调查，看到了黑猩猩石器使用文化传播的全貌。

结论很令人吃惊：在宁巴山脉居然找不到会用石头砸开油棕果核的黑猩猩。由此我们明白了，这是博所黑猩猩特有的文化。

但是我们发现，宁巴山东南部伊雅莱村附近的黑猩猩会用石头砸柯拉果，这种坚果是柯拉铁青木的果实。虽然也是使用石器，但是砸的对象不同。这里的黑猩猩会砸开柯拉果，取出里面的果仁，味道和夏威夷果相似，十分爽口。

调查了博所东边的宁巴山的广阔地域范围后，我于 1999 年年初前往博所西边的叠凯森林。这是一片广袤而幽深的森林，森林里没有油棕果，也没有柯拉果，这里的黑猩猩砸的是猿胡桃的果壳。他们使用的石器也稍有不同，不是用两块石头分别作为砧板与锤子，而是用坚硬的岩盘①做砧板，把坚果放在岩盘上，然后用重达数公斤的石头砸开，那石头又大又重，一个人单手都抓不住。

我们调查过博所东边的宁巴山、西边的叠凯森林之后，大桥岳又调查了南边的利比里亚的森林，那里生活着"博所"和"瓜"这两个黑猩猩族群，他们都有过使用石器砸油棕果核的行为。这样看来，使用两块石头砸开油棕果核的文化，东边没有，西边也没有，但是往南传播得很远。博所北边是稀树草原，没有森林，东边是宁巴山，西边是叠凯森林，南边则存在使用石器砸开油棕果核的文化。调查结果表明，使用石器砸油棕果核的文化的最北端界线就是博所。

---

① 岩盘（laccolith）为地质词汇，又称"岩盖"。产于岩层间，是底部平坦、顶部拱起，中央厚、边缘薄，在平面上呈圆形的侵入体，其形成深度一般较浅。岩盖直径一般为 3～6 千米，其厚度可达 1000 米。

# 学习的临界期

　　我用摄像机将研究黑猩猩石器使用的野外实验拍了下来。每年 12 月到次年 1 月，我都会前往非洲，做定点观测，通过一年一度的时间取样 ①，定期、定点、连续地观察石器使用。

　　这样一来，我就可以观察在博所出生的小黑猩猩的生长发育了。将近 30 年来，我都在使用摄像机拍摄、采集数据，那些录像带简直成了时间胶囊，过去的影像被封存其中。把它们做成具有实际意义的影像档案的工作，是由年轻的女性研究者推进的，她们是林里美、多拉·比罗、苏珊娜·卡瓦略和凯瑟琳·霍巴伊塔（Catherine Hobaiter）。

　　通过现场的直接观察记录以及摄影记录，能看到每一个黑猩猩个体年年岁岁的发育成长，虽然我们的研究聚焦于石器使用，但也可以通过记录，把石器使用与其他工具使用进行比较，还可以关注亲子关系、观

---

① 时间取样（time sampling）是一种收集数据的方法，研究者在特定时间范围内观察并记录研究对象的行为。

察声音与身体语言的变化。

首先，黑猩猩学会使用工具的时间很有趣。从连续定点观测得出的结论是，黑猩猩到了 4～5 岁才渐渐学会使用石器，3 岁以下的孩子不会使用。而"用树叶喝水"这种使用工具的行为，黑猩猩 2 岁半就能学会了。观测表明，虽然都叫作工具使用，但使用石器和用树叶喝水这两种行为，工具的种类不同，因而习得的时间也不同。

我认为，这是工具的复杂程度不同造成的。用树叶喝水的行为只涉及把树叶放入积满水的树洞里浸着，然后取出来吸吮就可以了。树叶作为工具，只与水这个对象产生关系。而石器的使用，首先要把果核放在砧板石上，接着要另找一块石头作为锤子石，砸开果核。完成用石头砸开果核这一行为的必要条件是进行第二级关系的关联。

在博所的黑猩猩族群中，全员都会使用树叶喝水，不会使用石器的只有两个成年个体：尼娜和帕玛，她们都是雌性。这两个黑猩猩只能捡食别人砸开果核后吃剩下的残渣——使用石器时，砸开的果核内侧还会有一部分果仁残留在壳里，她们吃的就是这样的残渣。

为什么尼娜和帕玛不会使用石器呢？我们怀疑，这可能是因为她们出生、成长在不使用石器的族群里，到了一定年龄后才来到博所居住。

学习是有临界期的。尚未达到或者已经超出了那个年龄段，某些东西就学不会了，"学习临界期"指的就是这种现象。例如，拿人类来说，语言尤其是发音的习得便有临界期。虽然即使已经成年，语言习得还是能达到一定程度，但是，如果在童年时期没有接触过、体验过，便无法习得和母语使用者同样的发音。

不过，尼娜和帕玛的孩子都会使用石器。虽然妈妈不会，但是她们出生在使用石器的族群里的孩子会，也就是说，学不会并不是遗传因素导致的。另外一个显而易见的结论是，妈妈并不是孩子学习必不可少的因素。除了妈妈，族群里的其他成年黑猩猩也能担当起教师的职责。孩子观察了妈妈以外的成年黑猩猩的行为，独立地学会了石器的使用方法。

还有一个事例也暗示着学习有临界期。在大约 30 年的观察期间，我们发现有一个孩子学不会石器使用，她的名字叫雍萝。她的妈妈雍会使用石器，但她却怎么也学不会。雍萝懂得把果核放在砧板石上，却只会用手背敲打果核，而不会用锤子石，到了 7 岁还没学会，仍旧停留在把果核放在砧板石上，用手背敲、用右脚踩的阶段。

雍萝有一段特殊的成长经历。她曾经落入陷阱，被套住了。那个圈套是用铁丝做成的，她一只脚踩了进去，脚踝被缠住，因此单脚落下了残疾，曾被铁丝缠住的那只脚总是悬在空中，走起路来就像是双手拄着拐杖，用单脚走路一般。请大家想象一下一只脚骨折的人类拄着拐杖走路的情景，这样自然是不能自由行走的，两只手都被拐杖占用了。雍萝的情况也是一样，两只手都用于支撑身体移动了，因此用手操控物体的经验极其有限，而且她的一只脚被铁丝陷阱缠住的时候正是 3 ~ 4 岁。在这个阶段错过了学习石器使用的机会，过了学习临界期，就学不会了。

虽然雍萝挣脱了铁丝，但为时已晚，身体留下了残疾，也学不会使用石器了。把果核放在砧板石上用手背敲、用脚踩的动作已经定型，她怎么都学不会使用锤子石砸开油棕果核了。

从其他群体移居到博所的成年雌性尼娜和帕玛不会使用石器；在幼儿期时一只脚被铁丝缠住，无法用手自由操纵东西的雍萝也不会使用石器。从这些事实中，我们得到的结论是：石器使用具有学习临界期，仅限于幼儿时期，过了这个临界期，要学会石器使用就很困难了。

# 黑猩猩式教育方法

在长期观察黑猩猩石器使用习得的过程中，我发现黑猩猩有一种自己的教育方法。虽然没有学校，但黑猩猩也会教育后代。

黑猩猩式教育方法名为"不以传授教育，通过见习学习"，这种教育方法可以总结为三个要点：妈妈或者其他成年黑猩猩给出范本，孩子自发地模仿，成年黑猩猩对待孩子的纠缠宽容以待。下面就来详细讲解。

第一，妈妈或者其他成年黑猩猩给出范本。黑猩猩会在孩子眼前演示正确的做法，做出榜样，但只是做给孩子看而已，不会让孩子学着做这做那。人类会一边说着"这块石头好""这种果仁好吃"，一边给孩子递过去，而黑猩猩绝不会这样。

黑猩猩不做技术指导，不会像人那样表达："这样砸开试试。""再用点力气。""砸的角度不对。"他们只是做示范给孩子看，拉着孩子的手教。他们不会进行指导性的教育，只是示范正确的姿势与做法。

当然，也不能说黑猩猩完全没有指导性教育，虽然例外的情况极少，但他们也会有一些类似指导的行为。

有时候，孩子会把果核捡起来，主动放到妈妈的砧板石上，让妈妈把那颗果核砸开，自己再把果仁取出来。孩子死乞白赖地缠着妈妈，仿佛在说"砸给我看看嘛"，妈妈便砸给孩子看。我拍到过这样的录像：孩子纠缠妈妈，妈妈便砸果核给孩子看，来来回回好几次。

我还拍到过下面这样的场景：孩子和成年黑猩猩面对面地坐着，看着成年黑猩猩的举动，成年黑猩猩慢慢地把果核放到砧板石上砸开，让孩子取走果仁。这是一种积极的传授："看好了，要这样砸。"

下面讲讲相关的事例。德国马普研究所的克里斯托夫·伯施等人在科特迪瓦的塔伊森林也发现了两例这样的教育场面，妈妈当着孩子的面用慢动作做演示。不过，他们也是在十几年的长期连续观察中，只发现了这么两个例子。因此，正确的结论是：基本上，黑猩猩式教育方法中不存在积极主动的传授，也不会对孩子予以表扬。若是人类，一定会表扬说："砸得真好！"但是，黑猩猩不教也不表扬，只是进行正确的操作示范。

黑猩猩式教育方法的第二个特征是孩子的模仿。哪怕放任自流，小黑猩猩也会自发地进行模仿，他们有很强烈的动机，想要尝试妈妈与其他成年黑猩猩所做的事情。正是因为有强烈的动机，哪怕妈妈不会使用石器，孩子也会观察其他成年黑猩猩的做法，学着去做。

第三个特征是成年黑猩猩会对孩子的纠缠宽容以待，不会把干扰自己砸果核的孩子轰到一边去，也不会无视他们的纠缠。虽然要应付的只是自己的孩子，但妈妈对孩子非常宽容。妈妈把果核放到砧板石上砸开，然后容许孩子把果仁拿走，再砸一颗，又被孩子拿走了，就这样反反复复，我曾经看到过孩子连续 7 次从妈妈那里把果仁拿走的情形。

妈妈给孩子做示范，孩子模仿，妈妈宽容以待。

从这三个要点可以看出"不以传授教育，通过见习学习"的黑猩猩式教育方法的真髓，那就是自主性。孩子想要做和妈妈一样的事情，抱着这个目的而自主地努力。

石器使用是把坚硬的果核砸开吃果仁的觅食行为，因此成年黑猩猩的动机非常明确，就是为了"吃"而使用石器。但是，从小黑猩猩想要使用石器的过程中我们可以看出，他们的目的并不是吃，模仿才是原本的目的。为什么妈妈对孩子的态度如此宽容，容许孩子把自己砸出来的果仁拿走呢？若是单纯为了吃，只管跟妈妈要，去找妈妈已经砸开的果核中的果仁就是了。

实际上，从孩子 1 岁左右开始，妈妈就开始砸开果核，取出里面的果仁给孩子吃了。与此同时，孩子也开始了一系列行为：搬石头、摸石头、扔石头、把石头垒到别的石头上、用手敲石头等。随着年龄的增加，这些与石头产生关联的行为也增加了，虽然这种做法并不会让孩子得到更多的食物，但这样的行为仍然越来越多。

另一方面，从妈妈那里抢走食物的行为会随着年龄的增长而减少。为了获取食物奖励而学习的理论根本无法说明这种现象，因为不会让小黑猩猩得到食物奖励的行为增加了，而可以让他们得到食物奖励的行为反而减少了。

到底为什么会发生这种情况呢？理由只有一个，玩石头这种行为本身就是奖励。想操纵石头和果核，想像妈妈、其他成年黑猩猩那样学会使用石器，这就是奖励。因此，妈妈不会限制孩子的自主性，无论妈妈还是其他成年黑猩猩，都会宽容地对待孩子的行为。

# 人类教育的特征

黑猩猩的教育方式是"不以传授教育，通过见习学习"。一旦理解了这种方式，便可以理解具有人类特征的教育方式了。人类的教育是"传授"。黑猩猩不传授，人类则靠传授来教育。

但是，对于教育这种行为，人类会做出黑猩猩绝对不会做的事情。我们可以注意到，两者之间的差别如下。

表扬。就算小黑猩猩出色地使用了石器，妈妈也绝不会表扬孩子。妈妈只是做出示范，不会表扬。如果是人类，则一定会说："真棒！做得好！"表扬是一种极具人类特性的行为。

认可。黑猩猩不会表示认可，但人类会。就算不发出声音，父母也会点头表示认可。人类具有想要得到认可的深邃愿望。若是孩子出色地使用了石器，一定会看向父母，父母也会面带微笑地认可孩子的成功。

帮把手。这也是一种具有人类特性的行为。当遇到困难的时候，教的这方会搭把手帮一下，告诉对方应该怎么做，还会开口讲解。

在表扬、认可、帮把手之前，还存在一个阶段，那就是"关注"。也就是什么都不教，也不插手指点，不主动做任何事情，但父母、老师和其他成年人会用温暖的目光关注着孩子的表现，这也可以称为一种教育吧。

黑猩猩通过"不以传授教育，通过见习学习"的方式，把一个地域固有的文化传统——石器使用传递下去，代代相传。

在这种文化传承中，担任传承者的角色是雌性。因为黑猩猩是父系社会，雄性留在族群中，雌性则从自己出生的族群转移到其他族群去生活，这样就构成了跨越多个族群、范围较广的"文化圈"。实际上，我们的长期连续观察表明，西非一带的确存在一个砸果核的文化圈。

# 如何定义文化

广域调查的结果显示，使用石器砸开油棕果核吃果仁这种文化，是博所和博所以南的利比里亚广阔区域内的固有文化。

在博所以东，宁巴山塞林巴拉的黑猩猩并不会使用石器，看不到任何用石器砸开坚硬果核来吃的迹象，因为他们生活在森林深处，而油棕生长在人烟密集的村庄附近，他们没有机会接触到油棕果核，也不会食用油棕果仁。

宁巴山伊雅莱的黑猩猩会使用石器，但砸的是柯拉果，里面有一粒很大的果仁，黑猩猩会把壳砸烂，吃里面的仁，味道和夏威夷果相近。

另外，博所以西的叠凯森林里的黑猩猩，砸的则是猿胡桃。

· 博所的黑猩猩有砸油棕果核的文化。

· 塞林巴拉的黑猩猩没有砸坚果的文化。

· 伊雅莱的黑猩猩有砸柯拉果的文化。

·叠凯的黑猩猩有砸猿胡桃的文化。

这都是广域调查的结果。

在此我要定义一下"文化"这个术语。所谓文化，就是跨越世代在群体内传承的知识、技术与价值观。第一个关键词是"跨越世代"，表明文化不是在某一代之中或在某个时期内流行的东西，不会很快消失，被其他东西取代。

"在群体内传承"是第二个关键词。文化并不是由个人传承，而是由群体共同传承。若是个人传承，便只是"个人潮流"，是我一个人的事情。而文化与此不同，文化是个体所属群体中大多数人共同的行为，无论这个行为是如何起源的，"因为大家都这样做了，所以我也这样做"，便是文化。

"知识、技术、价值观"是第三个关键词。日语这门语言以假名为文字体系，这是日本文化；穿和服，见面时要鞠躬行礼，这些都是日本文化。平时吃什么，觉得什么东西好吃，用什么东西做工具、怎么用，这些都是各个地方、各个民族自己的文化，跨越世代传承下来。

因此，黑猩猩的石器使用，完全符合文化的定义。

## 文化的传播

博所有一个名叫雍的黑猩猩，年龄已经超过 50 岁了，据推定是从宁巴山伊雅莱过来的。我们的调查开始的时候，她已经属于博所的黑猩猩族群了，我们并没有亲眼见到她的移居过程。那么，为什么认定她来自宁巴山伊雅莱呢？这件事就是通过与文化传播相关的野外实验结果搞清楚的。

从广域调查的结果看，博所的黑猩猩族群与附近黑猩猩族群用石器砸的果实种类不同；此外，根据我们在博所长期调查的结果，黑猩猩学会使用石器要花 4 ~ 5 年的时间。广域调查加上长期定点观测，便能看到文化的广度和深度的发展。

我想出了以实验方式再现这种文化传播的方法，进行了文化传播的野外实验。首先，我们从叠凯森林运来猿胡桃，从伊雅莱森林运来柯拉果，然后把这些博所原本没有的坚果放到了博所的野外实验场。

结果，并没有哪个成年黑猩猩过来瞧一瞧这些新奇的坚果，虽然也有黑猩猩把脸凑近，但只是闻闻味道就作罢了，基本上无视了新事物的存在。只有一个黑猩猩例外，那就是雍，她发出了“啊哈哈、啊哈哈”的“就餐呼噜”（food grunt），这种声音是黑猩猩在吃无花果等美食的时候发出的特有声音。雍一边发出就餐呼噜，一边砸起了柯拉果。成年黑猩猩依然无视她的此番表现，但是，有两个小黑猩猩却兴致勃勃地过来窥探，其中一个是雍自己的孩子雍萝，另外一个是与雍萝同龄的玩伴佛塔由。

这样来来回回窥探了几次之后，两个孩子也战战兢兢地砸开了柯拉果，把砸开的仁放了一点点在口中，尝了尝，然后便更加大胆地吃了起来。就这样，砸柯拉果这种博所原本没有的坚果的行为慢慢地、悄悄地在博所的黑猩猩族群中推广开来，最终，只有成年黑猩猩依然没有接受柯拉果。

更有趣的是猿胡桃。最初，谁也没有对这些新奇的坚果瞅上一眼，连雍都无视它们的存在。雍会砸柯拉果，却不理睬猿胡桃。柯拉果是伊雅莱黑猩猩的美食，因此我们得出结论，雍来自伊雅莱森林。

## 创造新文化

我们继续进行文化传播的野外实验，结果发生了意味深长的事情。学会了砸柯拉果的小黑猩猩们，也开始砸猿胡桃了。他们决定砸开这种谁都不认识、谁都没砸开过的坚果。

对于猿胡桃，雍根本瞅都不瞅，从某个角度讲，雍也和博所的其他成年黑猩猩一样，只对自身成长环境中熟知的柯拉果表现了兴趣，对不认识的坚果则没有兴趣。

然而，博所黑猩猩族群中的孩子们，在生活中耳濡目染，一直看到成年黑猩猩砸油棕果核，便渐渐学会了砸油棕果核，又见到了砸柯拉果的成年黑猩猩，于是也见习了如何砸柯拉果，接下来便把目光转向了谁也不认识、谁也没砸过的猿胡桃，决定把它砸开。为了做实验，我们还专门从日本运来了直径3厘米的木珠，是用剥了树皮的木材做的。我们把木珠也放到实验场地里试了试，成年黑猩猩对之瞧也不瞧，孩子们却设法想要砸开木珠，一直砸到木珠被压扁捣碎为止。

通过长期观察，我看到了文化传播的状态：雌性黑猩猩带着文化来到新的族群，孩子们对此并不介意，因而吸收了文化，进而自己创造新文化。这就是跨越世代传承下去的知识、技术和价值观。在观察文化的实际状态的同时，也能观察到基于文化的教育所起的作用。文化的根本是环境，在环境当中，孩子们日积月累，自主地学会了各种各样的东西。

下一章，我想谈谈这样传承下来的文化的精华——语言。

**10**

# 语言的起源

语言是如何起源的呢？语言是人类固有的，但如果心智是进化的产物，语言当然也是进化的产物。那么，为什么人类有语言？人类是从什么时候学会说话的？语言是怎样进化的？人类又是如何获得语言的？

首先，我想先介绍一下成年黑猩猩相互交流的情形，之后再说我如何尝试把人类的语言教给黑猩猩。我着眼于人类语言普遍具有的性质——双重分节结构①，黑猩猩也能在某种程度上习得拥有双重分节构造的语言。

而且，黑猩猩习得双重分节结构语言的能力，在其他不能被称为语言的行为中也能体现出来。因此，我还将介绍"行为语法"这一视角。

---

① 双重分节结构理论（double articulation theory）是法国语言学家马丁内（A. Martinet）提出的语言学理论。他把语言结构分为两个层次："第一分节"是将语流分为一系列有意义的符号，包括词素、句法与语义的单位，如词素、单词等；"第二分节"的独特元素是字母或音素。第二分节在语言结构等级中属于低等级元素，而第一分节则把单个无意义的音素结合成有意义的元素。

# 黑猩猩的声音交流

在我们刚开始研究野生黑猩猩的时候，总是很难找到他们。当地的助手蒂诺·曹格比拉（Tino Zogbila）经常说"阿当待"（Attendez），这句法语的意思是"等等"。如果在森林巨树的根部坐下来等，刚开始可以听到"恰恰恰"的抽泣一般的微弱声音，接着，动静越来越大，变成了"嘎嘎"的悲鸣，还混杂着"哇呜喔、哇呜喔"这样表示威吓的声音。待一切都能听得清清楚楚时，蒂诺便从容地站起身来，往发出声音的方向走去，黑猩猩就在那里。

就这样，我在森林中专心致志地听着黑猩猩发出的声音，发现他们的声音分为好几种不同的类型。最显著的是叫作"气促高鸣"（pant hoot）的声音："呼——、喔——、呼——、喔——、呼——、喔——、呼——、喔——、哇啊呜——喔喔喔——"一直回荡至远方，意思是"喂，你好"，在一公里开外便能听到。

走近后，黑猩猩会用另一种声音相互问候，类似"聒聒聒聒"的声音。问候一阵子之后，他们便攀上无花果树开始吃果子，这时候，会听到"啊、啊、啊啊"的声音，意思是"好吃，好吃"。据说，野生黑猩猩的声音交流中大约有 30 种不同的发声。

黑猩猩也会笑。人类的笑声是"哇哈哈哈"，而黑猩猩的笑声是嘶哑的"哈——哈——哈——"，但两者发出笑声的原因可以是相同的。孩子玩耍的时候、相互扭打的时候、被挠痒痒的时候，都会发出这样的笑声。

人类遇到有趣的事情也会笑，例如踩到香蕉皮滑了一跤，如果特别有趣则会放声大笑。但黑猩猩没有这样的反应。基本上，只要没有身体上的接触，黑猩猩就不会发出笑声。

## 教黑猩猩学习语言

在发声方面，人类与黑猩猩最重要的、决定性的不同，在于发声法。人类的语言是先吸气，然后停一下，在吐气时发出声音，再吸气、停顿、吐气和发声。请试着说一句“オ・ハ・ヨ・ウ”（早上好）感受一下，我们并不会一口气把气息都吐出来，而是要停一下，再发出声音。然而，黑猩猩在发声时却是吐气、吸气，吐气、吸气，吐气、吸气。在发出“呼——、嚯——、呼——、嚯——”的气促高鸣时，他们的嘴唇呈圆形向前噘起，吐气时发出“呼——”，吸气时发出“嚯——”，这与人类的发声法大不相同。

黑猩猩与人类的发声方法从根本上不同，因此，要教会黑猩猩说人类的语言极其困难。虽然黑猩猩很聪明，但是由于喉咙的结构不同、原本的发声方法也不一样，所以黑猩猩讲不了人类的语言。这绝不是智力的问题，而是发声器官的制约所致。

## 手语

显而易见，黑猩猩不能说人话，但这并不代表黑猩猩学不会人类的语言。美国心理学家加德纳夫妇决定教一个名叫华秀的黑猩猩手语。

他们教给华秀的是在北美使用的美国手势语。这是一种通过用手比画来表达意思的符号语言，由手指的形状、手指指到的身体部位以及手指的运动这三个要素组合而成。例如，表示"红色"的手语符号是用食指内侧指尖指着嘴唇，往下轻轻一拉，就好像是涂口红时的动作。

华秀足足学会了超过 100 个手语符号。手语的优点是不需要使用特别的机械或者仪器，赤手空拳，无论何时何地都能进行双方之间的双向交流。通过手语，人类就可以和人类以外的动物对话。若是这样的话，真是太棒了！因此，研究者也在推进教大猩猩、猩猩手语的研究。

能与动物进行对话，这是人类永远的梦想。据说戴上所罗门王的指环就能和动物对话，故事里的怪医杜立德（Dr. Dolittle）也可以和动物对话。教黑猩猩使用手语的研究，也算是这种梦想的延伸吧。

我和黑猩猩小爱朝夕相处了 40 年，双方之间的交流实际上是通过三种方法实现的，分别是人类的话语、人类的肢体语言和黑猩猩的"语言"。

首先，我们会用人类的话语进行交流。世界各地都有人来我的研究所参观，也有来做电视采访、收集视频资料的，因此，为了让各国人都能看明白，我就用英语与小爱进行交流。也就是说，我会用英语发出指令："wait"（等一下），"sit"（坐着），"climb up"（爬上去），"lie down"（躺下来），"don't move"（别动），等等。我只要说"open your mouth"（张开嘴），"touch your head"（用手摸摸头），来访的人都能明白。小爱能听懂的还包括一些身体部位的词语，像"hand"（手），"foot"（脚），"eye"（眼睛），"nose"（鼻子），等等。

第二种交流方式是人类的肢体语言。我使用了相应的日本手语："因此""等一下""坐着""爬上去"等，和口语配合使用。但是，通过人类语言只能单向交流。虽然黑猩猩能够理解单词，但理所当然是不会开口说话来应答的，黑猩猩主动使用手语符号发起交流的情况也罕见至极。这么做，不论怎样都只是单向交流。

要想双向交流，还是通过黑猩猩本身的动作姿态以及叫声比较好。我学习了黑猩猩的交流方式，这样就能你来我往地进行双向交流了。这种交流还真的很丰富呢：理毛，让黑猩猩和我一起玩耍，我简直变成了一个黑猩猩，双方一来一往，相互沟通。在实际生活中，只要我发出黑猩猩的气促高鸣，研究所里的黑猩猩都会用气促高鸣回应我的问候。

我的气促高鸣和真的黑猩猩不分伯仲。若是我在宁巴山气促高鸣，野生黑猩猩也会以气促高鸣回应。

## 图形文字

虽然变身为黑猩猩，以黑猩猩的"语言"进行交流很快乐，但也会遇到很多限制。比如说，要表达"红色"时该如何是好呢？黑猩猩应该也能看到五彩缤纷的世界吧？在萌生出这样的疑问后，我开始思考一种诱导出黑猩猩眼中看到的世界的方法，那就是京都大学版的图形文字。

表示"红色"这个意思的文字是"一条横线穿过菱形上方"，"绿色"则是"竖的波浪线穿过正方形"。我们身边的物品都有名字：铅笔、牙刷、手套等，我把这些名称都做成了图形文字。大约40年前，小爱项目刚刚开始的时候，还不能像现在这样把图形文字通过电脑屏幕播放出来。我们使用的是在当时价格不菲的微型计算机，中央处理器只有8位，而存储器仅有8KB。注意不是8MB而是8KB，也就是说，存储容量只有8000多个字节。在这样有限的条件下，要把项目所用的文字呈现到屏幕上，就必须想办法把文字压缩。于是，我们用圆形、正方形、波浪线等9种图形元素进行不同的组合，构成了图形文字。至于数字，为了便于理解，优先采用了0、1、2、3、4、5、6、7、8、9这10个阿拉伯数字。

使用图形文字和数字表达颜色、物体与数量，这就是我构建的语言体系。小爱与伙伴们记住了这种文字，经过尝试，他们原模原样地学习并掌握了。从此，小爱成了"学会了语言的黑猩猩"。

## 完成双重分节结构的第一步

人类的语言特征是可以产生多种多样的表达，而支持各种纷繁表达的结构之一就是双重分节结构。双重分节结构可以划分为：句子——单词——语素。如果用英语的书面文字来举例的话，可以看作句子由单词构成，而单词由字母构成。

重要的是，没有任何一个民族可以仅仅靠单词来说话，必定要用句子，而句子又由单词构成，单词则由语素构成。反过来追溯这个关系：英文有 26 个字母，只靠这 26 个字母的不同组合就造出了各种各样的单词；单词的数量虽然很大，但仍是有限的，例如《牛津字典》里收录的单词有 29 万多个，而用这些单词组合而成的句子，其数量是无限的。从语素到单词再到句子，以此为基础的双重分节结构就是人类语言的特征。

黑猩猩能否习得双重分节结构的语言呢？这是小爱项目刚刚起步时，由我提出的研究目标。用京都大学版图形文字表达"5 把红色的牙刷"，要使用"5""红色""牙刷"三个单词，而"红色""牙刷"这两个单词又是由圆形、菱形、正方形、斜线等 9 种图形元素组合而成的。

从结论来说，小爱已经走到了学习具有双重分节结构的语言的前一步。

第一阶段是把单词组合成句子（名词句），结果小爱造句成功了。也就是说，给小爱看5把红红色的牙刷，她就能从电脑键盘上选出表示"5""红色""牙刷"这几个单词的键，甚至还自发地把数字放到最后，换句话说，就是自发地生成了语法规则。

在第二阶段，我教小爱学习构成单词的要素，也就是组成图形文字的9种图形元素。首先，教她"苹果""芋头""香蕉"这几个图形文字；接下来，教她组成这些图形文字的图形元素。这次的键盘上只有9种图形元素，给小爱看香蕉，她就会选圆形和波浪线，用这两个图形构成表示香蕉的图形文字（波浪线穿过圆形）。只要给她看物品，她就可以把图形元素组合成对应的文字。

最后，我们尝试把这两个分节结构连接起来，用图形元素构成单词，再用单词排列出名词构成的句子，这就是双重分节结构。例如，给小爱看5根黄色的香蕉，而电脑键盘上只有1～9的数字和9种图形元素。我希望她能用9种图形元素组合出图形文字，再把图形文字联系起来，表达"5""黄色""香蕉"，然而遗憾的是，这继续前进的一步终止了。

# 研究认知能力的新方法

原地踏步、停滞不前的原因是，我去美国学术休假了，不怪小爱。在学术休假期间，我中断了研究，去美国留学。假如那个时候把研究继续进行下去，小爱一定能成为"第一个习得双重分节人工语言的黑猩猩"吧？那时我自己也才刚刚三十过半。

正好在那个时候，我收到了日本登山协会的邀请："您愿意参加到干城章嘉顶峰山脊线行走的活动吗？"干城章嘉峰是我在 22 岁时便立志要登顶的喜马拉雅巨峰，是排在珠穆朗玛峰、乔戈里峰之后的世界第三高峰，而发出邀请的登山队队长，曾不带氧气罐到达海拔 7400 米处，凭借登山经验赢得了领队的称号。当时我毫不犹豫，立即全面停止了黑猩猩研究，选择向山而行，登山归来后，又直接去了美国。结果，因为这次学术休假的契机，我去做了野外调查，朝野外研究的方向进发，我的研究航线经历了一次重大的转向。

1985 年，小爱项目开始之后已经过了 8 年，我在《自然》杂志上发表了一篇独立作者的论文《一个黑猩猩的数字使用》。我满怀成就感，迈出了新的步伐，获得了学术休假的时间。那正好就是我们即将挑战双重分节结构的时候。正因如此，黑猩猩习得具有双重分节结构语言的课题，在黑猩猩研究领域中至今仍是无人登顶的学术高峰。

我选择的学术休假地点，正如前文所述，是宾夕法尼亚大学心理学系的戴维·普雷马克教授的实验室。普雷马克就是对黑猩猩莎拉进行语言训练的人，他还创造了"心理理论"这一专业术语。普雷马克在理解对方心理的心智发展研究方面做出了具有划时代意义的研究，正是这位老师，读了我在《自然》上发表的论文后说：

"黑猩猩会使用数字，原来如此。而且，还是哲郎教会的呢。"

"人类教给黑猩猩一些东西，黑猩猩就掌握了。这有什么值得惊讶的呢？"

"我们已经很清楚黑猩猩非常聪明这个事实了。"

"可是他们到底聪明到什么程度？调查黑猩猩心智的研究有什么意义？"

这就是老师的话。

我所设计的利用电脑研究黑猩猩认知的课题，关键是要教给黑猩猩什么呢？在这些场景中，黑猩猩体现出了智力，但这一点早已为人所知了。

难道就没有更崭新的研究方法了吗？我领悟到，老师的要求就是希望能用更新的方法研究黑猩猩的心智。

## 搭积木

当时，宾夕法尼亚大学普雷马克老师的实验室里什么研究设备也没有，没有电脑，也没有自动给饵机。正因为什么都没有，反而让人想出了使用身边的物品做测试的方法。

有一种测定人类孩子认知能力的K式发展检测法，K是指京都（Kyoto）的首字母，这个方法是我大学时代的恩师之一圆原太郎等人开发出来的，其理论基础来自创立了发展心理学这门学科的瑞士心理学家让·皮亚杰（Jean Piaget）。而我们的搭积木研究则是根据皮亚杰的理论、圆原老师的测试方法，用日常生活中司空见惯的物品——积木，来检测幼年黑猩猩的认知能力。

过去，我们也曾尝试让黑猩猩搭积木，他们对此感到非常有趣。高一点，再高一点，黑猩猩会自发地不断把积木堆高，直到堆成一座塔。他们不需要什么奖励，只是想把积木往高里搭，为了继续堆高，还会调整积木的四个角，眼看再放一个就要倒掉的时候，还会停下来等一下，然后再轻轻地往上放，有时还会用一只手扶着，以防积木塔倒塌。

黑猩猩会把积木往高里堆，却不擅长把积木横向排列，也不会把积木搭成小汽车的样子。虽然搭小汽车很简单，只要横着摆两块积木，上面再放上一块就成了。但是，黑猩猩不能用积木搭出这样的平面结构。

证据表明：使用积木也能体现出黑猩猩的认知能力。


## 行为语法


K 式发展检测法与皮亚杰检测法都要用到一个检查工具：套杯。这是一组可以按照尺寸大小套在一起的彩色杯子。从小到大给杯子上编号：1 号杯可以放到 2 号杯里，3 号杯可以放到 4 号杯里，再把 1 和 2 的组合放到 3 和 4 的组合里，就组成了 1 ~ 4 的套杯，再把这套组合一起放进最大的 5 号杯里，就完成了 1 ~ 5 的套杯。

通过对人类儿童的先行研究，可以弄清楚用套杯顺序检测发展的制约因素。普雷马克向我介绍了帕特里夏·马科斯·格林菲尔德（Patricia Marks Greenfield）的研究，此人从哈佛大学拉德克利夫学院毕业后，在加利福尼亚大学洛杉矶分校当教授。

正是她命名了"子部件装配"（sub-assembly）顺序，这是一种人类幼儿2岁半以后才能表现出来的认知能力。例如，先把1号杯放入2号杯中，组成1～2的组合，再把这套杯子放到3号杯里，这就是部件装配的顺序。

让我们再换个说法来解释。要把1、2、3三个从小到大的杯子摞在一起，如果是你的话，会如何放呢？2岁半以下的孩子，必定只会放一个杯子，例如把1号杯或者2号杯放到最大的3号杯里。如果刚好是把2号杯放到了3号杯里，就只剩下了一个1号杯，和一个2～3的组合，这时他们会再把1号杯放入，完成套杯的组合。至于另外一种顺序，即先把1号杯放入2号杯中，再把1～2的组合一起放进3号杯里，人类孩子不到2岁半是绝对做不到的。小黑猩猩也一样。仅仅是三个杯子的重叠方法，就会出现这样明显的顺序上的差别，这一点真是令人吃惊不已。

"行为语法"打开了人们的眼界。就像语言有语法结构一样，非语言，也就是通常不能被称为语言的行为，也有语法结构。所谓行为语法，就是以时间系列法来分析行为的结构，从中得到启发，理解该行为背后起支配作用的心智。与电脑实验不同，这样的实验是要从实际动作中看到心智的光辉，活动身体、使用手、拿东西，这些动作中都能体现出心智。于是，2000年，以小步等三个小黑猩猩为对象，我与林美里一起进行了一系列重复实验[①]，行为语法的构思就这样固定下来了。

---

① 指别人做了某个实验之后，再进行同样的实验。

# 令人惊叹的瞬时记忆力

黑猩猩到底能把人类使用的语言掌握到什么程度呢？在不断研究这个问题的过程中，我们有了意想不到的发现：黑猩猩也有超过人类的地方。

我们研究的认知课题是记忆一瞬间看到的数字。在电脑触摸屏上显示任意分布的 1～9 的数字，黑猩猩触摸 1 之后，2～9 的数字就会被替换为白色正方形，必须凭借记忆力，按照数字顺序去依次触摸剩下的数字所在的位置。

屏幕上在哪里显现了哪个数字，年轻黑猩猩一瞬间便记住了，他们从看到数字到按下第一个数字，仅用时 0.5 秒，正确率却超过 80%。当然，如果我们人类全神贯注地盯着屏幕看 10 秒的话，也能够记住 1～9 的数字分别在画面的什么位置，可是实际上，越是刻意地想要记住，就越是难记。

在触摸到 1 的一瞬间，2 ~ 9 的全部数字就都被替换了，屏幕上只剩下 8 个白色正方形。说实话，这时你我都会心慌："哎呀，到底是在哪里呢？"明明觉得已经记住了，结果还是错了。

在这个任务上，没有任何人类可以达到黑猩猩那样的速度和准确率。全世界有很多实验室重复了这个数字记忆的实验，我们的实验被公认为第一个发现黑猩猩比人类更优越的认知课题，这是我与川合伸幸、井上纱奈的共同研究。

这个研究结果可以说意义重大。黑猩猩能在一定程度上理解人类的语言，使用工具、绘画等，都已经为人所知了，但这些只是人类能做的事情的一小部分而已，只是让人觉得："这样啊，原来黑猩猩也会。"而这个数字记忆的研究却发现，黑猩猩能做到人类做不到的事情，是黑猩猩优于人类的实证。从此，我们告别了"人类与动物"的二分法以及人类中心世界观。

接下来，我们的研究还发现了人类做不到、小黑猩猩却能做到的事情。思考为什么会出现这样的情况时，我们逐渐走向了"语言与记忆的权衡"假说。

这个假说是从以下观点出发的：人类与黑猩猩的共同祖先同现在的黑猩猩一样，拥有出众的瞬时记忆力。但是，人类在进化的过程中失去了瞬时记忆力，因为拥有这种能力并没有显著的意义。

数百万年前，人类从与黑猩猩的共同祖先那里分支，走上了不同的进化道路，失去了瞬时记忆的能力，取而代之的是获得了使用语言的能力。

用电脑的升级换代来做比喻：不断提升的机型，版本越高，功能就越强大。但人类的身体却不能像电脑升级一样进化，大脑容量在特定的进化时间内是有限的。比方说，大脑容量是 800 毫升，这个容量不可能突然激增。而在有限的大脑容量中，要想增加新的功能，就必须舍去一些旧的功能。

在进化的过程中，人类失去了像其他灵长类那样在树上穿梭、跳跃、回荡的运动能力，嗅觉也退化了。同理，人类也失去了瞬时记忆的能力，取而代之的是获得了语言能力。在这样的背景下，我萌生了"权衡"的想法——要获得某样东西，就必须舍弃别的什么东西。

进化并不是一个一味持续增长的过程，也不是不断地添加新功能，而是在时代的制约下，为了得到某些东西，就要用其他东西去交换。我认为，这才是进化的本质。

# 语言的本质

语言本身的性质是什么？不同的人对此有不同的说法，如抽象概念、有双重分节结构、有语法，等等。而我对语言的定义是：语言是分享经验的载体。我认为，分享经验才是语言的本质。为了把自己看到的东西传递给伙伴们，为了能分享经验，人类才进化出了语言。

例如，在森林里，有个动物突然从你眼前跑过，你看到那个动物的额头上有白色的斑点，背是棕色的，脚是黑色的。在这方面，黑猩猩也许比人厉害，可以一瞬间就把那个动物的特征看得清清楚楚。

人类做不到这样丝毫不差地在瞬间把一切看清楚。人类需要仔细凝视对方，才能知道哪里有什么东西，给眼前所见赋予意义，然后形成理解。但是，人类会把过去的经验与现在闯入视野的东西进行对照，因此，对于刚才一瞬间跑过的动物，哪怕只是看到了一些局部的体形特征，也能认出那是一头梅花鹿，给自己看到的东西贴上"梅花鹿"这个标签。做到这一步后，人类就可以把自己看到的东西带回营地，以"看到了梅花鹿"的形式传递给伙伴们，接着，便会发出"我们一起去猎梅花鹿吧"的邀请。

传递经验，分享信息，在此基础上进行合作，在合作的基础上找到更好的解决方法。能够以语言为媒介分享信息与经验的群体，更能适应环境，并把生命传承到下一代。

**11**

# 艺术的诞生

人类的身体是进化的产物，心智也是进化的产物，那么，艺术便也可以说是进化的产物。可是，为什么要进化出艺术呢？绘画、音乐、美食都是艺术，绘画用眼睛观赏，音乐用耳朵欣赏，美食用舌头品味。下面，我想分别讲一下这些艺术是如何进化而来的。

首先，介绍一下黑猩猩的绘画。不需要什么特别的奖励，黑猩猩就会画画。

# 黑猩猩的画

　　绘画这种行为随处可见。不论在什么时代、什么地方，人类普遍都会画画。与音乐不同的是，绘画会留下痕迹，因此我们可以找到人类绘画所经历的发展历程。可惜的是，我们无法考证远古时代的直立人、南方古猿属之类的化石人类的绘画行为。因此，我以现存与人类最为接近的黑猩猩为研究对象，尝试调查黑猩猩的绘画行为。

　　黑猩猩当着我的面开始画画了。绘画的工具多种多样，包括油漆刷与颜料、毛笔与墨、记号笔、蜡笔、彩色铅笔等，还使用了绘画专用纸、彩色纸、日本八裁白纸等多种纸张。

　　我们以多个黑猩猩为研究对象，做了很多次尝试，发现黑猩猩的绘画行为有以下三个要点。

　　第一，黑猩猩的绘画是自发性行为。不需要食物等奖励，他们就会画画。

第二，黑猩猩不画具象画。即使给他们看一个红色的苹果，他们也不会用红色画一个圈表示苹果，他们根本不画这样的具象画。

第三，黑猩猩的画具有个性特征。有的黑猩猩喜欢画长线条，有的喜欢画短线条，有的喜欢点绘。看惯了黑猩猩的画作风格后，根据其笔触，就可以分辨出哪幅画是哪个黑猩猩画的。

## 绘本涂鸦

我不仅让黑猩猩自由绘画，还让他们在绘本上任意涂鸦，这也非常有趣。

根据题材，我从福音馆书店发行的长期销售的绘本中挑选了13本，拿给黑猩猩。小爱拿到绘本，一下子就入迷地看了起来，非常细心地一页又一页地翻着。

看完了绘本后，我又把记号笔递给小爱，然后从第一页开始，一页一页地翻动绘本，让她在上面自由地涂鸦。

例如，在绘本《小白兔与小黑兔》上，小爱就在一轮满月上描了几笔。我翻到这页的时候，小爱立刻用记号笔在月亮上画了记号。

在绘本《小昆和小秋》中，有一页是车站站台的场景，画的是买便当的人排成长队的情景，小爱也精心地一个接一个在这些人的身上画了标记。

有本《太郎搬家记》，里面出现了狗和猫，小爱在这本绘本上的涂鸦也非常有趣。她在狗身上画了几笔，无论哪一页，凡是出现了狗的地方，狗都被画上了标记，但是对猫却什么都没有画。对这个现象的解释也许有点跳跃：可能是因为生活在非洲的狮子和豹都是猫科动物，所以猫科动物是黑猩猩的天敌吧。实际上，曾经有过野生黑猩猩被猫科动物袭击的记录。

被黑猩猩做记号画出来的东西也并非全都是最显眼的，有本讲述乌克兰民间传说的《手套》，小爱没有对绘本里的图案勾勾画画，而是用记号笔精心地给画的四周加了边框装饰。

小爱对不同页面间场景的变化也很敏感，这一点很让我吃惊。那是《小昆和小秋》里婴儿出生的场面，绘本的第一页画的是摇篮摆在窗边，摇篮里还空空如也，什么都没有；翻开下一页，场景变成了摇篮里睡着个婴儿，窗边还摆着一些玩具。于是，小爱就用记号笔圈出了婴儿和玩具。这说明她也许读懂了通过页面变化所讲述的"故事"，至少是有这样的可能性吧。

让黑猩猩在绘本上涂鸦的研究项目名为"随意自由绘画"，旨在引导出黑猩猩的心理，也就是体现他们内在的心智，不是用语言表达的东西，而是通过"标记内容"这一行为而体现出来的内心世界。同理，这个方法也可以超越语言的障碍，适用于外国人、聋哑人士、婴幼儿，以及人类以外的动物。而且，利用画板、绘图和描画而测定性格的罗夏墨迹测验（Rorschach Test）、树木人格测试（Baum Test）[1] 等方法也使用了涂鸦，也就是"随意自由绘画"的手法，这种方法的应用范围很广。

以黑猩猩为对象进行这样的描画行为研究，有着悠久的历史。至于为什么进行这样的研究，有三个理由。其一，这种研究只需要提供画笔和纸，简单易行；其二，黑猩猩所画的作品内涵丰富，意味深长；其三，对在饲养环境下过着悠闲生活的黑猩猩来说，绘画与提高福利相关。

戴斯蒙德·莫里斯（Desmond Morris）的《美术生物学：类人猿的绘画行为》一书详尽收录了黑猩猩的画作。此外，还有人举办过黑猩猩画展：2005 年，在大阪艺术大学召开了"艺术与类人猿"展览会；2018 年，在日本猿猴中心召开了"灵长类艺术"展览会。

随着电脑技术的发展，黑猩猩绘画也有一些新动向。京都大学灵长类研究所的田中正之教授，尝试让黑猩猩用手指在电脑触摸屏上作画。这个方法有个显著的优点：不仅能看到最终作品，而且能准确地再现绘

---

[1] 罗夏墨迹测验与树木人格测试均是投射法人格测验，通过人对画板的描述或者画出的一棵树而投射出人的心理与想法。

画的过程。电脑能自动重现从第一笔到最后一笔绘画的轨迹，于是，黑猩猩的作品就不仅是静止的最终结果，连整个创作过程也能看得清清楚楚。电脑还能对每一笔的线条进行解析：线条的长度是多少？是在哪里以什么方式画的？利用电脑解析，新的绘画研究也应运而生。

## 补全缺失的面孔

基于在绘本上涂鸦的自由随意绘画研究的理念，齐藤亚矢设计出了在预先留白的画上检测"想象力"的实验。从人类的想象力入手，将其与黑猩猩的表现进行比较，可以明确想象力、创造力以及与此相关的因素。敬请大家参考齐藤总结自己研究成果的著作《人类为什么绘画？邀您共往艺术认知科学之路》。

下面我来介绍一个以 60 个人类孩子和 7 个黑猩猩为对象的研究。我们用黑猩猩小亮的面部照片做成了线条的速写轮廓图，以线条画出小亮的脸，再在原画的基础上刻意做了一些变化与加工，让小亮的脸上只留一只眼睛、缺少另一只眼睛，或者两只眼睛都没有，又或者没有眼睛、鼻子和嘴巴，只剩下脸的轮廓。把这些图给黑猩猩和人类孩子看，并让他们用黑色的记号笔在图片上自由描绘。

对于那张只有一只眼睛的图，黑猩猩注意到了那只眼睛，就在眼睛上涂了几笔，仿佛在说："这里有眼睛哦。"这与在绘本上随意涂鸦基本上是一样的。而人类的孩子则关注缺失的东西，在图上补画了另一只眼睛。有的孩子还会一边画一边说："没有眼睛。"

对于那张眼睛、鼻子、嘴巴都没有的图，黑猩猩沿着图上脸的轮廓线描摹了几笔，而人类的孩子则在脸的轮廓中的相应部位画上了眼睛、鼻子和嘴巴。没有任何一个黑猩猩在空白处补画出缺失的器官。

以上都是事实，下面则是我的思考解读。我的解答是：黑猩猩看到的是此时此地存在的东西，而人类还可以看到此时此地不存在的东西。

黑猩猩看的是眼前有的东西，这样一想，就能理解黑猩猩那强大的瞬时记忆力了。他们只看一眼便能记住，是因为数字就是眼前存在的东西，哪怕只是瞬间闪现。黑猩猩擅长记住眼前的东西，而人类在看了眼前的东西后，要理解那个东西的意思，之后还会联想到眼前没有的东西。我认为，人类与黑猩猩之间的巨大区别就是想象的力量。

## 为什么黑猩猩不画具象的画

黑猩猩"不画具象画"，也就是说，即使给黑猩猩看一个红苹果，他也不会用红色的笔画一个圆形来表现苹果。这一点我是特意留到最后讲的。

人类孩子不论在哪个时代、何种文化中长大，大致在出生后的 9 个月到 1 岁半之间，就开始伸出食指"指东西"了。食指的功能多种多样，可以用来指示东西，可以用来表达想要什么东西的请求，还可以表达共鸣。例如，鸟儿从空中飞过，我们会用手指着说："看啊，看那个！"再如，两个人并排坐着，用手指着说："快看那个东西。"这并不是想要那个东西，而是表达希望你和我一起看的意思。

平田聪、明和政子用 1 岁的人类幼儿和黑猩猩做了非常有趣的关于视线的实验。实验使用桌上型眼动仪来检测视线。这种仪器的外观看起来像是电视机，屏幕下方有红外线检测仪，人坐在屏幕前，这个装置利用人眼看不到的红外线在眼角膜的反射，可以检测出人的眼睛看向了屏幕的什么位置。

通过屏幕播放视频：一个年轻的女性拿着橙汁瓶子走进来，把橙汁倒入杯子里。黑猩猩和 1 岁的人类幼儿看到的都是完全一样的视频。

结果，黑猩猩始终只盯着橙汁看；而人类幼儿看了看年轻女性的脸，看了看橙汁，然后又看了看女性的脸。黑猩猩只建立起了自己和橙汁两个项目之间的关系，他们的世界中只有两项存在；而人类关注的是自己、眼前的年轻女性和橙汁三个项目，他们生活在存在三个项目的世界中。在人类所见的世界中，人类经常与他人发生关联。

现在再来看看黑猩猩画画。黑猩猩的注意力集中在画笔和纸上，只是专注于把画笔压到纸上，并不会把注意力投向笔和纸之外的苹果，也不关注在一旁看她画画的我。而人类因为生活在三个项目相关联的世界中，对存在于画笔和纸之外的苹果，以及看着自己画画的人，都会与之建立联系。可以认为，人类就是在这样的关系中作画的。

# 野生黑猩猩的音乐

从野生黑猩猩的生活中可以看出音乐的要素，那就是——节奏。前面我介绍过黑猩猩气促高鸣时发出的一连串声音："呼——、嚯——、呼——、嚯——、呼——、嚯——、呼——、嚯——、哇啊呜——嚯嚯嚯——"这是跟远方的伙伴们打招呼的声音，意思是："喂，你好！"

这个声音是保持同一口型，靠交替呼气、吸气发出的，吐气发出"呼——"的声音之后，再保持同一口型吸气，发出"嚯——"的声音。"呼——、嚯——"是一个音节，用音乐术语来说，属于四分之二拍的节奏。

若是用乐谱表现气促高鸣的话，完整的气促高鸣分为四个乐章。第一乐章是前奏，黑猩猩先用微弱、缓慢的"呼——、嚯——、呼——、嚯——、呼——、嚯——"开始发声；接下来的第二乐章虽然也是同样的"呼——、嚯——"，但音量逐渐变大，速度也开始加快，成了"呼——、嚯——、呼——、嚯——、呼嚯、呼嚯、呼嚯"，渐渐向高潮发展；第三乐章是"哇啊呜——"的声音，用能传到远方的很大音量一口气叫出来；这一高潮之后就是第四乐章，也就是尾声，连续发出很小声的"嚯嚯嚯——"。

我试着以前奏、渐强、高潮、尾声的结构记述了气促高鸣，大家觉得怎么样呢？

## 敲板根鼓

野生黑猩猩会敲鼓，也就是英文所说的"drumming"。高大的热带树木，会在底部伸展出大大的根，叫作板根或者支柱根，形状像又宽又薄的板子。黑猩猩会叩击板根，弄出"咄咄咄咄咚"的声音。

这与人类的太鼓[①]原理一样，是用声音通知远方的同类，以此传递信息。众所周知，如果是高频率的声音，会因为撞到森林里的树木或者其他障碍物而反弹回来，无法传到远方，而低频率的鼓声却能传得很远。黑猩猩会把先前讲过的气促高鸣与板根鼓并用，"呼——、嚯——、呼——、嚯——、呼——、嚯——、哇啊呜——"的后面不接尾声，而是一直保持"哇啊呜——"的高潮，以"咄咄咄咄咚"的鼓声结束，相

---

① 太鼓也叫和太鼓，是日本代表性乐器，以时而慷慨激昂、时而温文低语的富于变化的节奏而著名。

当于"喂，你好""我在这儿"的意思。

为什么这样的声音可以表达"我在这儿"的意思呢？那是因为所在位置不同，敲不同的树，鼓声的音色也会不同，于是这种声音就成了方位和距离的线索。森林中生长着很多种大树，有些的板根并不发达，可以当鼓敲的树并不是到处都有。而黑猩猩非常清楚哪里长着什么样的树。我们研究者给每棵树贴上标签、起了名字，黑猩猩也一样能够对树进行个体识别。因此，根据敲出的音色、传来声音的方位、声音大小所表明的距离，便可以知道被敲响的是哪里的板根，也就可以推断出敲鼓的黑猩猩在哪里。

黑猩猩有时用手敲板根，有时用脚踩板根，根据在利比里亚调查黑猩猩的大桥岳最近的观察，有时还会把石头砸在板根上发出声响。这种动作相当于不是用手而是用棍子击鼓，或者说就像寺院里用椽子敲吊钟报时，以及使用木槌敲木鱼一样。

而且，敲鼓的声音也许和气促高鸣一样存在行为语法。为什么这么说呢？因为鼓声也会有顺序的变化，冷不丁地，气促高鸣会夹杂到"咄咄咄咄咚"的鼓声中，随后便是持续的气促高鸣的高潮音："哇啊呜——"我们尚不清楚不同的顺序分别表达什么意思，但是，这些声音确实能让人感到不同程度的紧迫感。先打鼓的话，可以听得出毅然决然的态度，大概可以理解为："现在赶紧过来！"

还有一种情况，是在打鼓与气促高鸣交替进行的同时移动位置，这样一来，鼓声和叫声能非常清楚地表明黑猩猩在朝哪个方向移动。也许黑猩猩也是在利用这种方法来判定方位，就仿佛在说："往这边走。"

据特别熟悉刚果盆地的伊谷原一调查的结果，非洲人正是通过击鼓在村落与村落之间交流信息的，用鼓声把信息从本村传到邻村，再从邻村传到下一个村子，以这样的方式传消息，速度很快。看了黑猩猩敲鼓的情形，我想，也许音乐正是起源于在实际生活中传递信息吧。

## 合拍子

服部裕子用乐器键盘进行了一个黑猩猩的实验。键盘的按键会依次发光，按照发光提示按键，就能弹奏出曲子，这对黑猩猩来说非常简单。虽然我很清楚这种键盘的构造，但看着黑猩猩用一根指头弹奏，听到那乐曲的声音，还是觉得很感动。

我们还训练黑猩猩交替按键，弹奏低音"哆"和高一个音阶的"哆"。这件事其实也很简单，在黑猩猩按下闪光的低音"哆"后，指示光就立刻移到高音"哆"的位置，黑猩猩按下高音"哆"键后，指示光又立刻移到低音"哆"的位置。就这样，指示光在低音"哆"和高音

"哆"之间移动，连续按键 30 次，键盘便会发出答对题目的嘟嘟声，黑猩猩便能得到一小块苹果作为奖励。以怎样的速度按键，也就是说节拍如何，是黑猩猩自由决定的，可以慢慢地弹"哆——哆——哆——哆——"，也可以快速地弹"哆哆哆哆"。

经过这样的训练之后，我们又在实验中加入了节拍器，可以发出"索"的音高。节拍器的速度是可以自由调节的，我们准备了从快到慢的设置，让节拍器发出有节奏的"索索索索"的声音。这个任务与交替按"哆"键的实验并没有直接关系，但是我们发现，当不断听到节拍器的"索"音时，黑猩猩会自发地合着节拍器的声音与拍子，演奏着"哆哆哆哆"。黑猩猩可以合着节拍按键。

下面我要介绍的不是按照节拍器演奏了，而是在让两个黑猩猩一起按键的时候，我们发现他们可以相互调整，合上对方的拍子。这是由·里拉（Yu Lira）和友永雅己合作的实验。统一节拍，也算是音乐的作用之一吧。

回到先前提到过的气促高鸣的话题。一个黑猩猩开始发出声音后，其他黑猩猩也会发出应和，让人心潮澎湃。从音乐起源的视角出发，类似合奏、合唱这样的"一起做事情""步调相合"是非常重要的。实验表明，黑猩猩能感知节拍，与对方的步调相合。

# 烹饪的起源

美食也是一种艺术。用眼睛欣赏的是绘画，用耳朵享受的是音乐，用舌头品味的就是美食了。没有哪个民族不做饭，民以食为天，烹饪美食在人类文化中具有普遍性。虽然黑猩猩不做饭是显而易见的事实，但是观察黑猩猩的美食，会给我们带来一些什么启示呢？

非洲博所的森林是热带雨林，林中生长着各种各样的树木，人类在此地大约识别出了 600 种植物。黑猩猩会食用其中的 200 种左右，不仅吃果实、树叶，还吃花、树皮、树液，可以算得上是美食家了。

现在已经有越来越多的人知道，黑猩猩懂得利用草药。他们只有在拉肚子的时候才会食用一种叫作盆连的植物的叶子，这种宽大的叶片上长着柔毛，其实是种柔软的针状物，手感粗糙。黑猩猩并不嚼这种叶子，而是直接吞下肚，查看粪便的话，会发现未消化的完整叶片。有的研究者认为叶片上的柔毛能刮掉消化道里的寄生虫，也有说法是叶片中含有特别的抗生素，可以止痢。

黑猩猩也会捕食穿山甲。吃这样身体表面有鳞甲覆盖的动物时，他们必定会就着树叶一起吃。我们不能确定这些树叶是药草，因为黑猩猩在吃鳞甲动物时一起吃的树叶种类很多，也许是"沙拉"也说不定。

在喝树洞里储存的水的时候，黑猩猩基本上一定会使用糙竹芋的叶子，理由是叶片很宽大，也许还和叶子在嘴里咀嚼的触感、嘴里弥漫的绿叶芬芳有关。

重要的是，黑猩猩与食物相关的感受很丰富，尤其是年轻的个体，很关心如何增加食物的品种。尝试新的食物，也许会与中毒的风险相伴，尽管如此，他们还是愿意挑战新的口味、新的吃法。因为不断拓宽食谱的动力，从生存角度来说是一个优点。

黑猩猩会加工工具，利用工具取出某样东西中可以食用的部分。黑猩猩吃的东西品种繁多，有饮食文化，也有因地域不同而导致食物与吃法不同的文化，再往前发展一步，就可以称之为烹饪了。我想，黑猩猩也有着和人类同样的动机吧。

# 艺术的本质

在上一章，我提出了一个问题：语言的本质是什么？答案因人而异，各有说法。有人说语言是抽象概念，有人说语言是有语法的双重分节结构，而我认为语言的本质在于分享经验，把自己用眼睛看到的事物传递给伙伴们。正是因为这个目的，人类才进化出了语言。

那么，艺术的本质是什么呢？艺术又是如何进化而来的？之前从未听说过有人对艺术的进化提出问题，但是，如果心智是进化的产物，语言同样是进化的产物，那么艺术一定也是进化的产物。

在思考绘画的起源时，我认识到了"想象的力量"：黑猩猩看的是眼前存在的东西，非常擅长记忆自己看到的一切；而人类在看到眼前的东西，捕捉、理解其意义之后，还会联想到眼前没有的东西，这就是想象的力量。正因为有想象的力量，人类才萌生了理解对方心理的心智。

我还思考了音乐的起源，结论是为了传递信息，以音乐为载体，想要传达些什么。用声音传递信息时，发送方和接收方都需要借助想象的力量，要在心中浮现出眼前看不到的东西。

我还思考了烹饪的起源。为了挑战新的味道、新的吃法，于是有了烹饪。想想为了挑战新口味而进行烹饪的程序，要想进展顺利，必须能够预测未来，调整好烹饪顺序：先放什么、后放什么？是煮、是炸？在这个过程中也需要想象的力量。

那么，何谓艺术？

我认为，艺术就是将想象的力量延伸而得到的东西。通过五感培养想象的力量，这就是艺术的本质。从艺术的本质中，我们可以找到艺术进化出来的理由。这个理由可以理解为：把想象力培养得更加丰富，能更深刻地理解他人的心理与思想，延伸与他者关联的认知。

我认为艺术就是心有灵犀、相互分享的东西。小孩子画了画，想要寻求注视着自己的母亲的赞赏；音乐呢，可以让人一唱一和，气息相合；至于美食，则是大家围在桌边一起享用食物。就在一起做这些事情的过程中，人们分享喜悦，共同感动，于是产生了艺术，共情便是艺术的起源。

# 12

## 暴力源自何方

黑猩猩与倭黑猩猩是同属不同种的生物，就如同我们现代人与尼安德特人的关系一样。尼安德特人是大约 3 万年前生活在欧洲的人类。用学名表述，我们是人属智人种，尼安德特人则是人属尼安德特人种，也就是说，曾经有一个时代，共存着同为人属但不同种的人类。黑猩猩的情况是有两个种：黑猩猩属黑猩猩种以及黑猩猩属倭黑猩猩种。

到目前为止，我一直都只是在说黑猩猩。本章既要介绍倭黑猩猩，又要说说从黑猩猩和倭黑猩猩出发来看，到底何为人类。

首先，我去了非洲的刚果盆地，观察野生的倭黑猩猩。

# 刚果盆地的倭黑猩猩

非洲大陆幅员辽阔。到底有多大呢？把美国、欧盟各成员国、中国、印度和阿根廷全部加起来，还是赶不上非洲大陆的面积。刚果盆地位于非洲大陆的中部。

赤道从刚果盆地差不多正中间的地方穿过，这个盆地的面积为370万平方公里，大约是日本的面积37.8万平方公里的10倍。刚果盆地分属于7个国家：中非共和国、喀麦隆共和国、刚果共和国、刚果民主共和国、安哥拉共和国、卢旺达共和国、布隆迪共和国，拥有广袤的热带雨林，东部有海拔5000多米的山脉，还有艾伯特湖、爱德华湖和坦噶尼喀湖，湖光山色极为壮丽。

刚果盆地中央流淌着刚果河，从上游往下游看，河的右岸分布着黑猩猩，左岸分布着倭黑猩猩。也就是说，黑猩猩和倭黑猩猩并不是生活在同一个地方，虽然以前曾是同一种生物，但由于刚果河这条宽大的河流阻碍了交流，他们各自走上了独自的进化之路，成了不同种的生物。

虽然黑猩猩与倭黑猩猩非常相像，但是两者也有不同，看惯了之后，就会发现他们的脸与体形都完全不同，绝对不会混淆。倭黑猩猩非常苗条，身体瘦小，脸是扁平的，嘴唇厚嘟嘟的，过去曾经被称为"侏儒黑猩猩"，也就是小型黑猩猩。

倭黑猩猩和黑猩猩是同属不同种的生物，所以一直研究黑猩猩的我有个愿望，希望能到实地去，亲眼看一看野生倭黑猩猩。2010 年 8 月，我终于去了刚果民主共和国，与我同行的是平田聪和山本真也。

我们的目的地是位于刚果盆地的望巴村。从 1978 年开始，京都大学的研究团队就一直在这里进行野生倭黑猩猩的研究。这里的调查点最早由加纳隆至开拓，现在交接给古世刚史这一代了。

我们从刚果首都金沙萨出发，乘坐包机飞往乔鲁城。从飞机上俯瞰，下面全是树海。飞机离开了刚果盆地南部，往中心飞去，地势越来越平坦，绿色的森林越来越宽广，宽阔的河流泥沙浑浊，像一条巨蟒蜿蜒而行，滚滚流去。

从乔鲁城再往前，就只有狭窄的小路了，路窄得连汽车都没法通过，我们坐上当地人的摩托车，紧贴着驾车人的背，花了 3 个半小时才到达目的地。沿途的风景是司空见惯的非洲乡村景色，只是不像其他地方那样，路面上稍不留神就会有石头，因为这里都是土壤，没有石头。像"路边的石头"这样常见的东西，似乎到处都应该有，但这个地方就是没有。我听说过的一个说法是，过去的刚果盆地曾是一片大湖的湖底，后来地面隆起，湖水从北部流淌出来，形成了刚果河，被抬高的湖底成了大地。因此，刚果盆地里没有石头。


## 邂逅倭黑猩猩

在管理望巴调查基地的坂卷哲也的关照下，我们配备了当地的调查助手，终于可以进入望巴森林了！这里仍是司空见惯的热带雨林的风景，和几内亚很像。至此，我已经用自己的眼睛见证了加里曼丹岛、亚马孙和刚果盆地这世界三大热带雨林。非洲的森林不论是东部的、中部的还是西部的，相似程度都非常高，仿佛是原封不动地复制到不同地方的，也许是热带雨林的气候和地质上有很多共同特点的缘故吧。森林里的树都高达 30 米左右。

我们走了大约 1 个小时，就第一次邂逅了野生倭黑猩猩。听声音就知道他们来了，这一点与野生黑猩猩相同。倭黑猩猩会弄出声音，沙沙地摇着树。我第一眼看见的倭黑猩猩是个年轻的雄性。在树与树之间，缠绕着藤蔓植物，仿佛在树上结了一个大大的结，那个倭黑猩猩就坐在藤蔓的下面，简直就像刚刚从秋千上荡下来一般。在长满黑色毛发的身体上，最引人注目的是粉红色的阴茎和巨大的阴囊。

接着，族群中的其他成员一个接一个现身了。这个族群被命名为E1，在发现他们后，可以让他们对人熟悉起来，然后人就可以跟着他们移动了。"人熟悉"是对应于"饵熟悉"的措辞："饵熟悉"是给他们食物，让他们习惯有人在近旁；与此相对照，完全不使用食物，只是单纯地让他们习惯人的存在，这种方法就叫作"人熟悉"。这样做虽然需要花很多时间，但可以让我们看到野生动物的自然姿态。

整整一天，从早上一直到夕阳西下，我们追着倭黑猩猩的步伐，大体勾画出了他们生活的轮廓。他们主要在树上生活，采食果实和嫩叶。只要有倭黑猩猩在结满果实的树上吃果子，我便也会试吃一下那种果子。真的有很多很好吃的果子呢！我实实在在地感受到了森林中资源的丰富。

倭黑猩猩的食物中还有一些是我在观察黑猩猩时从未见过的。例如，有种长在土里的根粒菌，在当地叫作"辛伯基乐"，我曾亲眼看到倭黑猩猩用手把根粒菌挖出来吃。那东西看起来像松露，在沙地里挖一挖，可以挖出蚕豆乃至土豆大小的块状物。看他们挖得很起劲，我也尝了一下这种东西，并不觉得好吃。其实，生嚼松露也一样，没什么特别的味道。

休息的时候，倭黑猩猩会利用林间的空地。大树倒下后，周围的树也顺势倒下，就会一下子形成一片空地。和煦的阳光洒在开阔的空地上，他们一边晒着太阳，一边相互理毛。

研究生院的莫尔加尼·阿拉尼克（Morgane Allanic）在那里观察了理毛行为。倭黑猩猩相互理毛的情况很常见，也经常会梳理脸旁边的毛，也就是说，双方面对面的情况，倭黑猩猩比黑猩猩更多。

给我们带来重重困难的是斯旺普森林。"斯旺普"（Swamp）就是沼泽地的意思，简言之，刚果盆地的地面有一半都是浸在水里的，水深至膝盖下面一点。宽广的河流流过平坦的盆地，水很容易涌上来，而且没有堤坝，河与岸的界线也不明了。倭黑猩猩可以在树上轻松地移动前行，而在地面上追着他们身影的我们却举步艰难。

我们时而借助相互缠绕在一起的树枝，爬上树踩着树枝走，时而"扑哧扑哧"地在水中行走。天气太热了，而且是高温加湿气形成的令人无法忍耐的闷热；还有让人忍无可忍的蚊虫，各种小虫子在我们的脸周围来回飞，翅膀发出低低的嗡嗡嘤嘤，真是让人心情郁闷。我试着数了一下停下脚步站着拍录像的同行者脸上的果蝇，竟然有100多只！想必我的脸上也是一样的光景。不过，想到能近距离地观察倭黑猩猩，郁闷也就一扫而光了。我们手握双筒望远镜，继续追赶倭黑猩猩的身影。

## 雌性占据优势地位

黑猩猩与倭黑猩猩之间最大的差异，就是在倭黑猩猩的社会中，雌性比雄性地位更高。倭黑猩猩的社会是一种雌性占优势地位的社会。有一天，在地面上的倭黑猩猩一边采食一边慢慢地移动，有一个年轻的雄性倭黑猩猩突然表现出夸示行为（charging display）。他拉起一大根树枝，猛冲过去。

这种夸示行为在黑猩猩中是司空见惯的：成年雄性毛发倒立，一边拉着很大的树枝，一边猛冲过来，雌性与孩子好似落难的蜘蛛般四散逃逸，悲鸣戚戚，骚乱不已。

但是，倭黑猩猩的夸示行为却没有引起骚乱，坐在地面上休息的成年雌性立刻躺了下来，拉着大树枝的年轻雄性从她身边经过，但那个雌性却一动不动，完全不介意对方，一副无视其存在的感觉，仿佛在说："哎，那个小伙子，又在虚张声势了。"

虽然黑猩猩与倭黑猩猩雄性的夸示行为所表示的冲动意味相同，但是，接受这个行为的另一方的态度却不一样，倭黑猩猩群体中雌性的地位更高也由此表现出来。与之相对，黑猩猩社会是雄性占优势地位的社会。虽然不论是黑猩猩还是倭黑猩猩，都是由多个雄性与多个雌性组成一个社会，但是，所有成年雄性黑猩猩的地位都在雌性之上；而倭黑猩猩呢，却没有形成这样"男尊女卑"的社会，也不能叫作男女平等，而是怎么看都能看出雌性占据优势地位。

倭黑猩猩是不会发生纠纷的黑猩猩。他们的身姿与体形都和黑猩猩类似，族群和集团的社会结构也相同，雌雄混杂在一起生活这一点也是一样的，唯独社会中雌雄地位的优劣关系却有着明显差异。


## 技术低下与分享食物

在倭黑猩猩的生活中还有一点很突出，那就是技术低下。与之相反，黑猩猩则是技术高的代表，因为黑猩猩会使用各种各样的工具。我曾经追踪研究过黑猩猩的石器使用情况，而倭黑猩猩并不使用石器，这也是理所当然的事情，因为在他们生活的世界里根本没有石头，也没有油棕树。在热带雨林深处，既没有博所的黑猩猩所使用的那些工具的素材，也没有使用工具的对象。

倭黑猩猩也不需要用叶子喝水，因为地面上一直有积水，直接饮用就好了；他们也不钓食蚂蚁，虽然这里也有行军蚁和白蚁，但没有人发表过发现倭黑猩猩钓食蚂蚁或白蚁的报告。

在我观察倭黑猩猩期间，正好碰上倭黑猩猩捕食鼯鼠。这应该是很罕见的场景，仔细查阅文献后，我发现虽然有记载说有迹象表明倭黑猩猩也会捕食动物，但是基本上他们是素食主义者，靠热带雨林深处丰富的果实与树叶为食。

我去的时候，当地话叫作菠林果的一种巨大的果子正值结果期，到处都结满了果实，"吧嗒吧嗒"地掉到地上，大小好似橄榄球一般。我想，这种东西吃起来大概像菠萝吧？于是用手一掰，很容易就"咔啪"一声掰开了，里面塞满了又香又甜的果肉，类似于不会发出浓烈臭味的榴梿。榴梿是原产于东南亚马来半岛的代表性热带水果，甜甜的果肉包裹着果核，一个挨一个地挤在果壳里，是猩猩非常喜欢的一种食物。如果说猩猩喜食榴梿的话，那么倭黑猩猩的大爱之物就是菠林果了。

我看到一个成年雌性倭黑猩猩在树上吃菠林果，她的孩子在一旁纠缠不休，把手伸到妈妈嘴边，把菠林果拿过来自己吃掉，这也是在黑猩猩中司空见惯的食物分配方式。

在此，我想先说明一下食物分配的问题。人类母亲会把食物分好，放到伸出手的孩子面前，说着"给，吃吧"，把食物递过去，这叫作积极分配。而黑猩猩和倭黑猩猩的食物分配方式与此不同，是消极分配，妈妈不会积极地给孩子递食物，而是由孩子来央求纠缠、纠缠央求，好不容易才能得到妈妈的允许去拿食物。

倭黑猩猩让人吃惊的一点是，在没有亲子关系的个体之间也会出现食物分配。有一个年轻的雌性倭黑猩猩，紧挨着正在吃菠林果的母子，也在死乞白赖地要吃的，于是那个妈妈也像对待自己的孩子一样，把食物给了那个雌性。准确地说，应该是妈妈给了那个雌性许可，允许她从妈妈手里抓了一大把菠林果肉去吃。

这个雌性并不是那个妈妈的女儿，听说是从别的族群来的，刚刚加入这个族群，却能赖着跟族群里的成年雌性要食物。

这个案例中还有重要的一点，那就是菠林果到处都是。到了菠林果成熟的季节，森林里的地面上落得到处都是，多到谁都不屑一顾的地步，而那个雌性却死乞白赖地跟别人要。并不是说那对母子正在吃的东西特别好吃，她央求的是："我想吃你吃的东西。"而那个妈妈表达的是："真没办法，好，吃吧。"就这样，在分享食物的过程中，她们也产生了亲近的关系吧。

请大家在脑海中想象一下：一对人类夫妇走在街上，男子手里拿着冰淇淋，旁边的女子伸出手，把冰淇淋抓过来舔了一口。她并不是肚子饿了，而是因为伸手把对方拿着的食物抓过来吃一口也没关系，由默许这样的行为而酝酿出的，是两个人之间的亲密关系。倭黑猩猩死乞白赖要食物的行为与此不是异曲同工吗？

我们可以这样解读这个现象：在倭黑猩猩的社会里，新近加入的雌性与族群中有势力的雌性搞好关系，就可以巧妙地避开族群中其他成员的攻击，从而顺利地融入。而且，那个妈妈还带着一个男孩子，新加入的雌性将来还可以成为她儿子的新娘。倭黑猩猩不会像人类那样结成关系深厚的一对一的男女关系，因此，也许用"新娘"这样的措辞更加妥当。总之，儿子会在妈妈身边的雌性中选择、取舍。

## 群间关系融洽

我还遇到了邻近的两个族群融合的场面。望巴的 E1 群与旁边的隆基群相遇了，相遇地点在大树之间树冠相连的地方，也就是树顶上。融合并不是静悄悄的，在那一刻，整个空气中都弥漫着紧张感，因为可以听到树枝摇曳发出的声音夹杂着鸣叫声，我定睛一看，这边、那边，到处都是正在性交的倭黑猩猩。

我把这种行为称为"性交"。如果说性交就是把性器官插入的行为，那么毫无疑问，这就是不折不扣的性交。此时此刻，男女老少全都配起了对。

两个雌性是面对面死死地抱在一起，相互在对方的性器官上蹭来蹭去，还发出"嚯哈嚯哈"的叫声；两个雄性的情况则简直就像在论剑一般，相互用阴茎摩擦碰撞。看到这样的描述，也许会有人面露鳌蹙，但是，倭黑猩猩的实际行为中并没有丝毫令人作呕的成分，当时我只是抱着非常正常的想法：这大概是在性交吧。

当然，这与人类文化中相遇时的问候不同。例如，日本人在路上相遇时，会各自保持距离，低头鞠躬，没有身体接触，一般情况下也可能会握手；在欧美国家，人们会拥抱；还有的地方会行贴面礼，用自己的左右两边脸蛋依次去碰对方的脸颊。如果关系更加亲密，家人之间可能会亲吻，把嘴唇放到对方的额头或者脸颊上；很久不见的朋友会紧紧地抱在一起，把对方的头和身体搂进自己的怀中，乃至胸腹部都紧紧贴在一起；若是恋人，则会双唇交叠，用力地抱在一起，让双方的胸、腹、腰都紧紧地贴在一起。

赤裸身体的倭黑猩猩的行为，可以看作相遇时热烈的问候，他们死死地抱在一起，直至性交。

两个相遇的族群相互问候了一会儿之后，就开始静静地采食，在树上吃着果子。这次相遇并非到此为止，两个族群融合成了一个集团，一起移动到下一个采食地点。听说，曾经有过相邻的族群融合后一连几天共同行动的情况。

这样的事情是绝对不会发生在黑猩猩身上的，因为黑猩猩族群对邻近族群成员持敌对态度，一旦相遇就会打架，偶尔会发展到置对方于死地的地步。相反，倭黑猩猩却可以同附近的族群和平共存。黑猩猩与倭黑猩猩的共同祖先生活在大约 100 万年前，这个共同祖先在约 500万 ~ 700 万年前，从其与人类的共同祖先那里分离出来。也就是说，不能说黑猩猩和倭黑猩猩中哪个与人类更近，他们是在同样的时间节点与人类的共同祖先分离的，因此，人类既有类似黑猩猩的地方，也有类似倭黑猩猩的地方。

黑猩猩有暴力、有杀戮，倭黑猩猩则能与近邻和平共处。像倭黑猩猩一样与左邻右舍建立和睦相处的关系，可以成为人类社会应有状态的良好指针。那么，暴力到底源于何方呢？

# 暴力与和平

接下来我想讲讲"黑猩猩杀戮同类"的话题。把非洲各地近 60 年的调查资料收集起来，我吃惊地发现，黑猩猩杀戮同类的案例有 135 例之多！与之相对，倭黑猩猩杀戮同类的案例则完全没有发现过。至于人类，也会杀人类，甚至还会发展成大屠杀。那么，这样的暴力是源于何方呢？

我曾利用到波兰做讲座的机会，走访了奥斯维辛集中营；也曾在去柬埔寨调查野生灵长类的最后一天，探访了位于首都金边的大屠杀遗迹；借着调查野生山地大猩猩的机会，我还参观了实施卢旺达种族大屠杀的尼亚马塔教堂。

站在这些实际的屠杀现场，令人不寒而栗，浑身的汗毛都会倒竖起来。我不禁想到，人类这种动物到底有多残忍呢？人不费吹灰之力就可以杀人，而且，发起大规模杀戮所需的心智，正是人类特有的。我在脑海中浮现出众生相：有不亲自动手，唆使他人杀人的人；还有袖手旁观，看着别人杀人的人。这就是唆使他人杀害同类的"煽动者"以及"旁观者"。

而在黑猩猩的世界里，只有杀戮者和被杀者。在人类的大量杀戮中，煽动者下达的命令具有不可推卸的重要作用，要是没有唆使人杀人的煽动者，就不会发生大屠杀。而且那一小撮煽动者还得到了不愿发声的多数旁观者的支持，旁观就等于助长杀人。杀戮这一行为，是日积月累、向着更复杂层面发展的人类特征。

那么，这样的人类暴力源自哪里？解答这个问题的关键，是我在对比了黑猩猩与倭黑猩猩之后得出来的。两者从体形、社会到生活状况，基本上非常相似，但是也存在着巨大的差异。

在黑猩猩中，雄性占据优势地位，族群内有顺位次序，雄性争权夺位，与其他族群敌对的时候，会发展到杀死对手的地步。而且，黑猩猩会使用各种各样的工具，技术水平较高，他们生活在热带雨林周围的稀树草原，可以到更加干燥的地方活动，用矛来狩猎西非塞内加尔的一种叫夜猴的小动物，夜晚还会搜寻在洞穴里睡觉的动物，简直就像是太古时期的人类，能够适应各种各样的环境，分布地域很广。

而在倭黑猩猩中，则是雌性占据优势地位，族群内争夺顺位的争斗很少，与附近其他族群的成员通过性交而和平共存。他们基本上不使用工具，技术低下，生活在刚果盆地深处茂密的热带雨林中，过着悄无声息的日子，很少到周围的稀树草原活动，只往食物丰富的密林深处去，不会外出生活。

黑猩猩和倭黑猩猩有着共同的祖先，从共同祖先那时便与人类分开了，也就是说，人类是既具有黑猩猩要素，也具有倭黑猩猩要素的"嵌合体"。所谓嵌合体，就是同一个个体体内混杂着拥有不同遗传信息的细胞，进而代指那些含有其他生物细胞的个体，有时还可以用来表示由多个不同来源的部分构成的个体，这个词源于希腊神话中狮头、羊身、蛇尾的怪兽奇美拉。因此，人类也可以说成是"黑猩猩和倭黑猩猩的嵌合体"吧。

我们的共同祖先曾经生活在森林中。在哺乳类中，灵长类选择了在树上生活这一生态位，基本上都在森林里生活。往上追溯到更早的共同祖先，一般认为人类曾经像倭黑猩猩那样与其他生物和平共处，过着低技术水平的生活。但是，人类最终与倭黑猩猩式的生活诀别，像黑猩猩一样从森林来到了稀树草原，并进一步迁移到更加干燥的地带，甚至连沙漠和极寒地带都适应下来。也许就是那个时期助长了黑猩猩式的倾向，也就是男性占据优势地位、具有攻击性、技术水平高等特征。

农耕民族大多信仰多神教，游牧民族中则是信仰一神教的占多数。固定居住在一个地方的人，有多神教就够了；但是，在沙漠里循着水源移动的人，需要有一个领袖做出明确的决定，有时也需要集体表决之后再行动，若是大家都各自散乱地向着任意方向行动，合议之后还存在多种意见与决定，是绝对找不到绿洲的。绿洲只有一个，正确答案也只有一个，结果就是一切。可以说，集权对开拓新天地来说关系重大。

把这些对人类文化学的考察也加入思考，便可以看出从倭黑猩猩式的社会生活出发，过渡到黑猩猩式的社会，再向人类社会转变，存在着一个向外扩张的倾向。从和平共生的安稳森林环境，走向稀树草原、沙漠，在严酷的环境中，生活变得不安定了，如履薄冰。就是沿着这样的进化方向，我们进化成了人类。

但是，有一点保留。难道最重要的不是嵌合体吗？人类身上既有黑猩猩的要素，也有倭黑猩猩的要素，这种要素不是倭黑猩猩的样貌，而是塑造了倭黑猩猩、使其构建出倭黑猩猩式社会的部分，那就是超越了性别、年龄的平等，以及与近邻和平共存的原则。倭黑猩猩的性交超越了性，升华成相遇时的问候与仪式，用于缓和双方的紧张气氛。此外，他们还有分享食物的行为，在央求与被央求之中交织出亲密的关系，并以低技术方式生活。

现在，人类世界中再度出现了紧张局势。我们难道不应该再审视一下这种能够令人类和平共存的本性吗？

# 萌生出希望的智能

通过对黑猩猩的深入理解，可以探究人类的本性。人类是拥有哪些独有特点的动物？是拥有哪些特征的猴子？我的研究是以思考人类心智的进化道路为基础，探究黑猩猩的心智功能，这反过来有助于我们理解人类的心智。研究的结果是，我认为想象的力量是使得人类成其为人的特征。

黑猩猩生活在"此时、此地、我"的世界。而人类不仅生活在"此时"，还活在过去与未来中；不仅生活在"此地"，还向往着山的另一边、地球的另一面；不仅思考"我"，还关心你、那个人、不知道名字的许许多多的人，甚至还牵挂着花鸟鱼虫。正是因为人类有想象的力量，才会拥有希望，相互体谅，心生爱意。

作为本书的最后一章，我想讲一下萌生出希望的智能。

# 再谈比较认知科学

深入了解黑猩猩以及其他的动物，能让我们更好地了解人类的特征，这种方法称为"比较"。把不同物种的动物进行比较，是研究动物学的捷径，运用这种方法的学科很多，有比较生理学、比较形态学、比较行为学、比较生态学、比较社会学。生物是进化的产物，自生命诞生以来，现存的生物全都是随着时间推移进化而来的同胞，把这些生物进行横向比较，便可以描绘出其共同祖先的样子，继而探究从共同祖先发展到现存生物的历史原委。

灵长类学是以灵长类动物作为研究对象的学科。但是，与对猫、狗等食肉动物，乌鸦等鸟类，鲑等鱼类，白蚁等昆虫类这些动物的研究不同的是，灵长类动物中还包含着人类。

在大约 38 亿年的生命进化过程中，约 6600 万年前，开始了哺乳类动物的适应性扩散。一般认为，那时灵长类的共同祖先已经出现，从那个共同祖先派生、进化出了各种各样的灵长类。有多少种呢？虽然计算方法不同，数字也有所不同，但大约有 500 种。

从以人类为中心的角度来说，灵长类分为人类、大型类人猿、被称为小型类人猿的长臂猿，还有旧大陆猴、新大陆猴、原猴。要了解包括人类在内的灵长类的进化，首先要到各种灵长类生活的地方去做现场观察，还必须研究灵长类以外的哺乳类，然后要研究哺乳类以外的动物，接着还要了解动物界以外的生物多样性，最后则要了解产生这些多样性的生物学机能与结构。以这样包罗万象的视角去理解生物学，是非常重要的。

我个人的研究针对的不是人类的身体、大脑或 DNA，而是人类的心智功能，我对此抱有浓厚的兴趣。心智不会以化石的形态留存下来，虽然心智是脑功能的体现，但并不是大脑中的物质存在。无论怎么研究大脑，都无法了解心智，因为心智在人类的身体之外，是一种扩展到了人类生活中的东西。如果不对人类这种生物进行全面的了解，就无法了解心智。为了探寻人类心智的发展历史，我首先开始了对黑猩猩的研究；为了全面而透彻地了解黑猩猩，我进行了田野调查，也就是野外研究，以及实验研究。以综合的方法全面地探究心智，这就是比较认知科学。

就这样，我连续不断地研究黑猩猩、倭黑猩猩及其他灵长类，并进一步拓宽研究范畴，研究了野马等人类以外的动物。这一系列的研究进行到现在，便可以总结出"什么是人类"了。我想简洁地讲讲自己的答案。

# 想象的力量

我认为，是想象的力量使人类成为人。

但是，黑猩猩也有想象力，也会预测未来。以使用工具这一情境来说。去白蚁巢钓白蚁之前，黑猩猩便折下草茎做成了工具。白蚁在巢穴里，黑猩猩在外面什么也看不到，却想象着白蚁应该是隐藏在巢穴里，于是把草茎插入蚁穴中。受惊的白蚁咬着草茎爬出来，黑猩猩就是这样把白蚁引出来，舔了个一干二净。使用石器砸开油棕果核也一样。黑猩猩事先选好了石头，拿到有油棕果核的地方。从外观看，油棕果核只是一颗圆圆的核，好吃的果仁藏在眼睛看不穿的硬壳里。只有想象到里面的果仁，黑猩猩才会想到要使用工具把它砸开。

## 小步的假装游戏

我想讲一个珍贵的案例，这个例子表明小黑猩猩具备可以称为想象力的丰富心智。那是在 2002 年 11 月，小步 2 岁 7 个月的时候观察到的现象，当时在场的人中，除了我之外，还有两位负责摄像的研究生上野有理和松叶响。

那天，我正和小步的妈妈小爱面对面，进行搭积木的实验。地上放着蓝色、黄色、白色、红色四种颜色的积木，我自己拿一套，小爱拿一套，我还给了小爱的儿子小步一套，只是让他自己玩玩，并没有打算要他做什么。

我和小爱面对面地进行测试。我向小爱示范，把蓝色的积木放在红色的积木上，再在上面放上黄色的积木，就这样一直往上搭，造出一座塔。接下来，我对小爱说："好了，搭搭看吧。"我用声音和手势催促小爱搭积木，于是，小爱就依照我搭好的积木，一块一块往上搭。

至于小步，他并不是实验对象，想做什么都可以。

这样的情景一天天重复，小步每天习惯性的活动就是用手拖着四块积木到处走，直到把积木拖到房间的一角，在角落里静静地玩耍。那天也一样，小步的两只手像熊爪一样把四块积木夹在中间，后退着朝房间的角落走去。

小步在角落里仰面朝天地躺了下来，过了一会儿，突然爬起身来，指尖触着地面，开始倒退着走，就好像手掌心里还夹着积木时那样。但是，他的手中空空如也。也就是说，他只是摆出拖着积木倒退的姿势，仿佛积木就在手掌心下压着一般，拖着假想出来的积木走，而真正的红色积木就在地板上，他却刻意避开了。他的双手往左右张开，指头蜷起，就好像手底下有块真正的红色积木，眼看积木要掉出去了，又拢拢手指把积木收在掌心，就这样拖着假想出来的积木倒退着走，真正的积木反而成了多余的东西了。

小步拖着积木，像往常一样一直走到妈妈身边，然后又转身，保持着这样的姿势回到原来的地方。若是人类的孩子这么做，可以称为假装游戏或者过家家。仔细观察小步的脸，可以看到这时他的嘴巴张得圆圆的，这叫作"游戏脸"，也就是说，他是在自我陶醉地独自玩游戏。

由于小步的动作有点滑稽，正在拍摄录像的上野忍不住大声笑了起来，于是小步闭上嘴巴，朝上野冲了过来，瞄准坐在透明丙烯板另一侧的她，啪的一声使劲用单手拍在丙烯板上，仿佛在说："不许笑！闭嘴，无礼的家伙！"

小步这个假装游戏的小插曲让我窥到了小黑猩猩拥有的丰富的"想象的力量"。能在人类孩子身上看到的"想象力"，在 2 岁 7 个月的小黑猩猩身上也同样能看到。

但是，黑猩猩的想象力随后便不再继续发展了。拖着积木倒退着走的行为，在此之后只观察到了两次，虽然没有第一次那么明显，但也能看出是假装游戏：单手手指着地，拖着手倒退着走，一下就能看明白小步又在拖着积木倒退着走了。不过，这件事便以他的自娱自乐告终了。随着小步一天天长大，像这样拖着假想出来的积木倒退着走的行为逐渐消失了。


## 雷欧与疾病斗争的生活


一个名叫雷欧的年轻雄性黑猩猩与疾病斗争的生活，表现出了黑猩猩的特质：在"此时、此地、我"的世界中生活的状态。那是2006年初夏的一天早晨，我们发现雷欧横躺在运动场的地面上，动弹不得，头部以下的身体完全麻痹了，经诊断是得了急性脊髓炎。

从那时起，他就开始了漫长的与疾病斗争的生活。我们让他仰面躺在黑猩猩专用的床上，实行一天24小时看护制度，身边一直有人随时监控他的病情，还用勺子喂他吃东西。这是年轻兽医、饲养员和研究生们自主制定的看护制度，我要在此向他们的献身精神致敬。另一方面，被看护的雷欧则令人吃惊不已，因为完全看不出他有一丁点沮丧。

一直仰面朝天躺着，最大的问题就是褥疮与皮肤溃烂。因为一直不改变身体姿势，体重会压迫血液循环，导致腰、背、肘、膝盖等处破皮流血、化脓。如果我是雷欧，成了这个样子，想必会无法忍受，一定会胡思乱想："大概要这个样子一直躺着了吧。""治不好了，难道要一辈子躺着爬不起来了吗？"我一定会很绝望。

但是，雷欧完全没有沮丧的样子。健康的时候，他是个非常顽皮的年轻黑猩猩，喜欢挑逗人、威吓人。头部以下麻痹躺倒之后，他的头部以上还是能动的，可以用吸管喝水。雷欧喝饱水后，会在嘴里存一些水，等到看护的人靠近，就"滋"地把水喷到人脸上。看护的人被吓了一跳，惊叫着躲闪，雷欧看到人们的这副模样，便会显得很开心。虽然只能躺倒在床，但他的行为没有改变，依然是个淘气的青年。

让我们站在雷欧的立场上考虑一下。他的确是到了卧床不起的地步，不论做什么都有人照顾，有人喂香蕉，还可以吃到好吃的苹果，哪儿痒了就有人用"老头乐"给他挠痒痒。他的头部以上还能动，还可以做出一些动作：把嘴张开、噘起嘴唇央求，这就是痒痒的表情；若是张大嘴突然露出犬齿，那就是"我要咬你了"的威胁。重要的是，他的表情在卧床不起的前后并没有多大变化，基本上就这样活下去是不成问题的。

"此时、此地"，我要活下去。这样想的话，不就没问题了吗？这就是雷欧与疾病斗争的生活给我的启示。

若是换了人类，因为想象力非常丰富，我们会一直不停地担心下去，陷入消极的情绪中，很容易绝望："就这样卧床不起了，该怎么办呀？" 2017 年，日本有 21321 人自杀，同年因汽车事故而死亡的人数为 3694 人，自杀死亡人数是交通事故死亡人数的 6 倍。根据日本厚生劳动省的调查，按照年龄段与死因来看，不论是 20 岁的年龄段还是 30 岁的年龄段，自杀都是致死原因中占比最高的，20 岁年龄段的死者，大约一半都是自杀，而不是因生病而亡故。自己把自己逼上绝路，真是太悲惨了。

但是，绝望的反面就是希望。实际上，绝望的尽头不正是希望的转折点吗？受到德国纳粹分子迫害，被送入集中营的犹太精神科医生维克多·弗兰克尔（Viktor Emil Frankl）写了一本《夜与雾》，这本书一方面平平淡淡地讲述了集中营里的生活状况与事实，另一方面以精神科医生的笔触层层剖析作者的内心世界。想要知道集中营的实际生活状态，了解那里的人的情况，最好的渠道就是书了。这本书中描述了简直难以用语言表达的残酷至极的集中营生活，只有不失去希望的人才能生存下来。弗兰克尔要告诉人们的是："无论何时，都要笑对人生；无论境遇如何，人生都有意义。"

我还去参观了当时规模最大的臭名昭著的纳粹奥斯维辛集中营，里面有堆积如山的人类毛发、眼镜和鞋，还有弗兰克尔书中记述的像蚕棚一样的床。波兰的冬天想必寒冷无比，在这样残酷的环境中，"每天都活着，正因为活着才是人生的意义"。人类是可以这样思考的生物啊！

正因为人类拥有想象的力量，不论现状多么悲惨，都心生希望、相信未来，这是"萌生出希望的智能"。能够抱有希望，正是人类在进化过程中获得的让人成其为人的心智。

# 从理解到分享

2015 年 12 月，我去探访了生活在喀麦隆森林里的俾格米人，也叫作巴卡人。俾格米人生活的地方十分有趣：在同一片森林里，生活着人类、黑猩猩、大猩猩。在喀麦隆森林，完全相同的环境中生活着起源于非洲的人科 3 个属的动物，因此，我们可以比较这三者的生活。

俾格米人的房子都是用竹子编成的，上面铺草做成屋顶。腼腆的俾格米人就住在这种小小的房子里。他们堆草屋顶的方法很绝妙，屋顶结实，下雨也不会漏。房子大概是 3×3 的榻榻米大小①，正中间的三块石头垒成灶台，锅就摆在上面，下面放入几根柴就可以生火做饭，晚上还可以驱寒。房子周围种着一种可以食用的大蕉，不必剥皮，直接蒸了就可以当主食吃，很管饱。

我还看到了从营地附近的河里捞出的鱼。捞鱼是俾格米女性的工作，她们全体出动，用倒了的树做地基，把泥巴和土搅拌后敷在上面，

---

① 一张榻榻米的标准尺寸一般是：长 170 ~ 200 厘米，宽 80 ~ 98 厘米。

做成几个堰，阻断小河的水流。水流阻断之后，会形成一个小池塘，她们再把池塘里的水舀出来，有人用手舀，也有人用宽阔的香蕉叶子熟练地折成一个舀水的容器。在舀干了水的小河河底，小鱼吧嗒吧嗒地跳着。

工作期间，她们的腰间还挂着用布紧紧裹着的吃奶婴儿，年龄再大一点的孩子则交给年长的哥哥姐姐照顾。就这样，妈妈抱着弟弟妹妹，一边哄孩子，一边工作。从邻近部落来的远亲少女会过来帮忙，因此妈妈也有帮手，可以让孩子们照顾大一点的婴儿，自己则得以同其他成年人一起捕鱼。

捕获的猎物拿回营地，基本上都是所有人平分，真是让人大开眼界。因为是鱼，所以会不辞辛劳地拿到那边的山里，再拿到这边的山里，总之，一定要平等分配。这里的人对平分食物这件事认真得不得了。

这和我在几内亚的黑猩猩长期观察点遇到的情形一模一样。在几内亚，贵重的肉一定会平等分配，即使是午饭时吃到小块的肉，也要确保生活在非洲草莽的人与体验过城市生活的人彻底平等，为了让聚集在一起的人们人人平等，考虑细致入微。

我去中国云南做金丝猴考察的时候也有同样的体验。驴子驮着的行李要按照重量等分，最后抽签决定哪头驴载哪堆行李。分配平等，机会也平等。

大学时，我加入了京都大学登山俱乐部，那时也一样，登山绳、帐篷、食物等共用的装备物资，首先要大体均分，然后大家靠猜拳决定先后顺序，依次挑选自己的行李，是一种彻底平等主义的做法。

顺便说一下，这种彻底平等主义中还有着非常有趣的先行原则。某个冬天我们去登山时，也打算按照一贯的彻底平等主义方式分行李，以猜拳决出了胜负，接着便各自背上自己的行李。然而不知怎么回事，最后发现多出了一份登山绳，一定是分行李的时候漏掉了。登山绳是必不可少的重要登山装备，我当时只是个大一新生，一时不知该如何是好。也许要从分装行李那里开始从头来过吧？我抱着这样的想法观望着。这个时候，这支队伍的队长，也是最高年级的学生，默默地把登山绳放进了自己的行李中。最强的那个人最后才拿，对弱小的人伸出了援手，让弱小者先行——队长就是这样的人啊！就在那个瞬间，我萌生了这样的想法："不久的将来，我也要成为这样的队长！"

这样的事情，不论是哪个时代、哪种文化都有吧？不论境遇如何困难，绝不会一个人独占资源、独霸机会，而是欢喜也好、劳苦也好，平等地分享成果，大家一起分担重荷。我认为这就是人类的特征。背负着劳苦，亲力亲为地前行，彼此分担沉重的担子，这样担子也就变轻了。我认为，相互分享、相互体谅、相互关爱，才能成其为人。

围绕想象的力量来试着思考一下，我们人类为什么要拥有想象的力量呢？拥有了想象的力量，便能想象对方的心理，正是因为理解了对方的心理，才能体谅对方的心情，才能跟对方分享所需的东西，更进一步，才能产生关爱。

# 人类之爱

人类为什么要有想象的力量？我认为正是为了相互分享、相互体谅、相互关爱。这里的关键词是"相互"，而非一味地给予。

在黑猩猩之间，也有一味给予的情形，比如妈妈把食物分给孩子。但是，在人类中还有反方向的给予，孩子也会把食物分给父母。

请大家想象一下：晚饭饭桌上放着一个盛满草莓的盘子，妈妈拿了一粒草莓喂到孩子口中。于是，还在牙牙学语的孩子一边说着"妈妈也吃"，一边把草莓往妈妈嘴里塞，然后又会让爸爸吃，姐姐吃，爷爷奶奶吃，更有甚者，会把草莓放到自己非常喜欢的小布狗嘴边，让小布狗也吃。这就是人类的表现。

相互分享，能够让分享者感到快乐，这种快乐超过了吃草莓的快乐，与他人分享之后再吃才是最重要的。

这是人类的祖先走出森林，在稀树草原上开始集体生活后培养出来的心智功能吧。在稀树草原上，有着狮子等食肉动物，人类不能再像生活在森林里时那样逃到树上去，而是需要伙伴们齐心协力才能把敌人赶跑。大家一起打猎，一起捕鱼，一起采蜂蜜，在这样的合作过程中，必须能够理解对方的心理与意图。

此外，把自己得到的经验传递给他人也非常重要。自己的经验不能私藏。与他人分享之后，经验便会在群体中推广开来，分享了各种各样经验的群体，其生存概率一定比不分享经验的群体更高。

黑猩猩基本上不储存食物，树上的果实也好，肉也好，昆虫也好，弄到了就往嘴里放，到手的食物就会直接吃掉。而人类却不同，弄到手的食物不会当场全部吃完，而是要带回营地，等待其他人回来平均分配，不论是年幼的孩子还是行动困难的老者，都可以平等地分得自己的一份。

我的眼前浮现出在喀麦隆森林里见到的俾格米人的生活。与住在同一片森林里的黑猩猩和大猩猩不同，成年人类齐心协力，共同把孩子抚养长大，这样跨越年龄段相互帮助的群体，其生存概率一定比不相互帮助的群体更高。

人类进化出了共享信息、分享经验的能力，通过分享食物与经验，又进化出了相互支持的关系。

人类拥有想象的力量。比如说，一个人不需要通过亲身经历获得直接经验，也可以靠着关系亲密的人讲述的故事获得间接经验。人类会创造故事，把听到的故事融会贯通，变成自己的，把他人的经历变成自己的有血有肉的故事。这样一来，你的痛苦就成了我的痛苦，你的欢乐就成了我的欢乐。接下来，便产生了爱。

爱就是相互理解、相互帮助、相互尊敬、相互关爱。不论是在亲子之间，还是在兄弟姐妹、朋友、恋人、夫妻之间，这些要素都不变。从"此时、此地、我"的世界开始，人类的思想驰骋于过去与未来，从"我"发散到"你"，于是会关心远方受苦受难的人，在想象的力量的驱使下，理解对方的心，心中萌生出爱意。人类就这样进化而来了。

观察黑猩猩，经历了 40 载风风雨雨。我终于比别人多知道了一点关于黑猩猩的事情，于是感到做人真好：人类拥有想象的力量，人类抱有希望，因此，凭借想象的力量，人类的心中培育出了爱。

# 尾声

在想象的力量的驱使下，人类进化出了理解对方之心、培育爱意之心。

我想总结一下本书。通过对黑猩猩的研究，我总结了自己感悟到的4个假说：

· 人类从4只手进化到了2只脚；
· 婴儿采取的仰面朝天姿势使得人类进化成人；
· 黑猩猩式教育方法是"不以传授教育，通过见习学习"；
· 瞬时记忆与语言的权衡假说。

把这些假说对接在一起，便可以连接成一个人类进化的完整故事。

# 人类进化的故事

　　大约 6600 万年前，中生代结束，新生代开始。人们认为，当时有一块巨大的陨石朝现在的尤卡坦半岛撞了过去，由此导致气候变化，造成了恐龙灭绝。恐龙的身姿在地球上消失了，取而代之的是哺乳类动物，它们开始适应性扩散，遍布在地球各处。哺乳类本来是陆上动物，在进化中，有的潜入了水里，有的飞上了天空，有的爬到了树上，形成了海、陆、空的生态位。谋求在树上生活的是灵长类，为了抓握树枝，它们曾在地上行走的 4 只脚变成了 4 只手。

　　灵长类中又有些重新下到了地面上，走出森林，来到稀树草原，这就是人类的祖先。为了在地面上远距离行走，脚得到了发展，从 4 只手中进化出了 2 只脚。稀树草原里有肉食动物，是人类祖先的捕食者。此时人类已经不能逃到树上去了，会被吃掉吗？但是，人类非但没有被吃掉，反而以群体为单位，一起追赶捕食者，我认为他们还曾经寻找过被打死的动物的腐肉。在灵长类学中有个"邓巴数"[1]，按照这个理论，早期的人类生活在 150 人左右的群体里，这个数字是通过脑容量推断出来的。在群体中，就必须过社会生活。

群体生活中最基本的是母子之间的纽带。婴儿以仰面朝天的姿势平稳地躺着，因为采取了这种姿势，他们可以通过眼神和微笑与母亲进行交流，还能发出声音，双手可以自由操纵物品。于是，人类发展出了独特的眼睛——由黑色的瞳孔与白色的巩膜构成，通过眼神和丰富的表情来交流；声音交流成了语言的基础；操纵物品的能力则衍生出了各种各样的工具。

群体中不仅有母子，还有父亲和伙伴，基于"不以传授教育、通过见习学习"的教育方法，相互分享食物，进而发展到分享信息与经验。人类不需要依靠基因组遗传，而是可以在出生后，通过学习而习得文化，让其成为自己行动的规律，不是自己一个人延长寿命，而是和伙伴们相互帮助着活下去。为了达到这个目的，人类对于自己看到的东西，并不是按照眼前所见的样子来记忆，而是根据意思来理解，把"什么时候、在哪里、和谁一起、看到了什么"整合成一个故事，与同伴们分享，这种能力十分重要。为了分享经验与信息，语言应运而生。我认为，分享这种行为起源于心生爱意。所谓爱，就是相互理解、相互帮助、相互

---

① 邓巴数由英国人类学家罗宾·邓巴（Robin Dunbar）在 20 世纪 90 年代提出，他的理论认为人类稳定社交的人数极限是 150 人，这一数字是由大脑皮层中的新皮层区域的大小以及相应的处理能力决定的。

尊敬、相互关爱。爱是从"此时、此地、我"的世界开始，思想驰骋于过去与未来，从"我"延伸到"你"，进而关心远方受苦受难的同胞。

　　我通过比较认知科学所理解到的大概就是以上所讲述的故事。人类的身体与心智都是进化的产物，基于这个无可争辩的事实，我探究了黑猩猩到底是种什么样的生物，再通过对比黑猩猩与人类，从另外一个角度来思考什么是人类。如今，托付给我们这代人的任务是：咀嚼新发现的事实与知识，一边重新在进化的道路旁驰骋思想，一边拷问亘古不变的"什么是人类"的论题。这就是需要我们更加深入挖掘和思考的问题。

# 接下来，去月球

经常会有人问我："今后打算做什么呢？" 我的回答是："今后还是打算继续研究黑猩猩。"

黑猩猩的寿命大约是 50 岁，至今还没有超过 50 岁的记录，这么算下来，作为我研究伙伴的黑猩猩小爱应该还有十多年的寿命。她现在稍微有点驼背，毛发中也开始出现醒目的白色，虽然稍微有点老了的征兆，但仍很健康，我还有义务守望她的未来。

不断地研究黑猩猩，最后也成了一个黑猩猩，在黑猩猩的运动场上，变成被小爱、小步等黑猩猩围着晒太阳的老人。这也是我的梦想。

我还关心野生黑猩猩的未来，为了濒临灭绝危机的他们，还有许多事情必须去做。

但这只是常规的发展方向。最近，我开始考虑完全不同的东西了，乍一听仿佛是无稽之谈。

我想去月球，在那里定居下来。

想象一下，我们已经在月球上修筑了一个居所。大家也许会认为能在那里看到地球从月球上升起、落下，但实际上，从月球上看到的地球总是停留在一个地方，位置不变，只有阴晴圆缺。在月球上，有连续两周的漫漫长夜，然后是连续两周的漫漫白昼，而且那里的重力只有地球的六分之一，是一个没有人类体验过的世界。

从走出森林来到稀树草原的人类祖先那里继承而来的特性，塑造了如今的人类，那么，今后人类将如何继续进化下去呢？为了探索答案，我想要去谁都没有到过的时间里寻找线索，因此，我也想去创造了我们的地球以外的地方眺望一下。

因为这个缘故，我得到了宇航员土井隆雄的支援。2017 年 10 月 28 日，我们去体验了抛物线飞行，在急升急降的过程中，大约会有 25 秒的零重力状态，我们反复体验了 10 次。零重力很有趣，让我感觉身体轻飘飘的，仿佛要向宇宙飞去。在向宇宙飞去的过程中，没有了天地，我带去的圆珠笔也从手中滑脱，在眼前飘浮。

抛物线飞行中，急升时重力达到 2G，急降时则会体验到 0G，通过改变急降的角度，还可以体验到 1/6G，也就是月球上的重力。这种感觉也非常有趣，虽然身体基本能够直立，脚底下却软绵绵的，仿佛在飘浮着，步伐非常轻快。

我们体验了 0G、1/6G、1G 和 2G 四种重力状态，我的身体仍是同一个身体，然而随着重力改变，身体的感觉完全改变了。在 12 月，我们又组织了第二组队员进行飞行，两次飞行合计 14 名受试者。我们用秒表设置了 10 秒循环的实验，有趣的是，在 0G 状态下，人们感受到的时间变短了。2018 年，我又预定了四次飞行，想要进一步深入研究。

试想一下，到目前为止，人类的历史全部发生在 1G 的世界上。今后，人类将会去往月球、火星，到了那个时候，随着环境的变化，身体感觉发生了变化，心智也一定会发生变化。灵长类学、比较认知科学是通过把人类与人类之外的动物进行比较，探究人类的本性，这是在探究进化，除了重构过去的历史之外别无他法。我们想要搞清楚的是：什么是人类？人类从哪里来？

与这些拷问相对应的，则是"人类要去往何方"，即未来可能发生的事情。人类今后会如何进化下去呢？我们不能只是回顾过去，还要展望未来。为此，我能想到的第一步就是体验抛物线飞行，接下来则是去月球。

想象的力量可以无限远大，我把野外考察、认知实验以及自己的思索都写在本书中了。如今，我想从尚未有人设想过的地平线出发，一天天积累体验，朝着人类的未来迈进。我想开拓崭新的灵长类学。

本书是基于 NHK 广播电台的系列讲座《读心》以及《谈心智的进化：灵长类学入门》整理而成。从 2017 年 10 月到 12 月的三个月里，我每周日早上讲 40 分钟，一共讲了 13 讲。我给每一讲都写了 1 万字不到的原稿用于朗读，而在实际录制的时候，我试着讲了讲，结果有了更加深入的思考，于是成就了本书，将广播节目的内容扩充到了原来的大约 1.5 倍。本书最后成书出版，给岩波书店的滨门麻美子添了不少麻烦，特此表示感谢。本书依据的研究也得到多方助力，限于篇幅，虽然不能一一列举各位的名字，但各位的容颜都已浮现在我的脑海中，在此表示感谢。我还受到了科学研究费补助金特别推进研究（#16H06283）的资助。最后，对阅读本书的各位也深表感谢。

2018 年 4 月 6 日完稿于新西兰达尼丁市奥塔哥大学

松泽哲郎

# 延伸阅读

## 参考文献

Matsuzawa, T. (ed.). (2001). *Primate origins of human cognition and behavior.* Springer.

Matsuzawa, T., Humle, T. & Sugiyama, Y. (2011). *Chimpanzees of Bossou and Nimba.* Springer.

松沢哲郎（1991）．チンパンジーから見た世界．東京大学出版会．

松沢哲郎（1991）．チンパンジー・マインド：心と認識の世界．岩波書店（2000年『チンパンジーの心』として岩波現代文庫）．

松沢哲郎（1995）．チンパンジーはちんぱんじん：アイとアフリカのなかまたち．岩波ジュニア新書，岩波書店．

松本元・松沢哲郎（1997）．脳型コンピュータとチンパンジー学．ジャストシステム.

松沢哲郎・長谷川寿一編（2000）. 心の進化：人間性の起源をもとめて. 岩波書店.

松沢哲郎（2001）. おかあさんになったアイ. 講談社（2006年講談社学術文庫）.

松沢哲郎（2002）. 進化の隣人 ヒトとチンパンジー. 岩波新書, 岩波書店.

松沢哲郎編（2010）. 人間とは何か：チンパンジー研究から見えてきたこと. 岩波書店.

松沢哲郎（2011）. 想像するちから：チンパンジーが教えてくれた人間の心. 岩波書店.

## 参考网站

博所・宁巴绿色走廊主页
http://www.greencorridor.info/

大型类人猿信息网络 GAIN 的主页
http://shigen.nig.ac.jp/gain/

公益财团法人日本猿猴中心的主页
http://www.japanmonkeycentre.org/

一般社会法人京都大学学士登山俱乐部的主页

https://www.aack.info/

松泽教授一席演讲

https://www.bilibili.com/video/BV1Rx411U78w/?spm_id_from=333.788.
videocard.18

熊本动物保护区主页

https://www.wrc.kyoto-u.ac.jp/kumasan/

京都大学野生动物研究中心主页

https://www.wrc.kyoto-u.ac.jp/

# 译后记

我们会陷入绝望，也会心怀希望，因为我们是人类！

——松泽哲郎

你是愿意做一头快乐的猪，还是思考并痛苦着的苏格拉底呢？这是一个有趣的辩题。英国哲学家、政治经济学家约翰·斯图尔特·密尔（John Stuart Mill）的答案是：做不快乐的人胜于做快乐的猪；做不快乐的苏格拉底胜于做快乐的傻瓜。如果哪个傻瓜或哪头猪有不同的看法，是因为他们只知道自己的那点事情。

译者也曾经在各种场合问过年轻的学生们这个问题，他们中有很多人直言不讳，说愿意做快乐的猪，因为有的时候，思考与思想会给人带来苦恼，甚至压力与痛苦。在没有阅读这两本书之前，你一定也对这个问题有着自己的答案。而在这里，我们为广大读者提供了另一个独特的答案：做一个思考并快乐着的科学家。

日本京都大学从事灵长类研究的科学家松泽哲郎以毕生研究证明了这个答案，他就是一位思考并快乐着的科学家。这两本书总结了松泽教授毕生的研究，得出的结论之一就是人之所以为人的独特性：黑猩猩的思维在时间的跨度和空间的维度上与人类不同，黑猩猩是活在当下的物种，而人类是会思考往昔、现在和未来的物种，人类拥有更强大的想象力。由于拥有想象力，人类有时候会绝望；也正是由于拥有想象力，人类才会充满希望！

作为一位研究黑猩猩超过 40 年的科学家，松泽教授致力于从比较认知科学的视角，全面地了解黑猩猩这个在基因上与人类仅有 1.2% 的差异的物种，并通过把黑猩猩的认知特征与人类的特征相比较，提供了"什么是人类"的答案，这个答案既是通过实证科学论证得到的，也富含着哲学道理。20 世纪 70 年代，中国的教科书中定义的人和动物的区别是人类会使用工具，而动物不会。随着科学家们研究成果的发表，这个人类过去对自身在地球生物界生态位的认知已经被推翻了。珍·古道尔在坦桑尼亚贡贝自然保护区发现了黑猩猩使用工具的现象，松泽哲郎在《自然》上发表了西非几内亚博所黑猩猩使用石器砸开油棕果核的学术论文，人们对人与动物的区别有了新的认识。而以松泽教授为学术带头人的研究团队从 1978 年开始的小爱项目，则更深入地研究了黑猩猩的认知能力，一系列的新发现让世人对人与动物区别的认识日新月异。小爱是一个世界知名的会识字的黑猩猩，她认识 1000 多个英文单词、500 多个日文汉字，还认识一种松泽教授 26 岁时构思出来的人造符号语言。语言是人类独有的特性，小爱项目提供了外群（outgroup）参照，为语言学、神经科学、心理学等跨学科研究提供了宝贵的实证数据与科学参照，推进了人类对自身的生物特性以及社会特性的了解。

2000 年，小爱的儿子小步出生，松泽教授团队的研究也迈入新的境界，开展了母婴关系、记忆力、黑猩猩与人类婴儿搭积木的思维维度对比等研究。有关小步惊人的瞬时记忆的研究震惊了全世界。这个研究得出的一个结论是：黑猩猩的瞬时记忆力超过了人类！相关的研究视频很快风靡全世界，在中央电视台就重播了多达 25 次。对于这个结果，松泽教授在书中提出了权衡假说进行详细的解释。这一发现在西方受到了很多批评，因为很多人不愿意承认自己比不过黑猩猩。每次在讲座中展示黑猩猩小步的瞬时记忆力秒杀人类的视频时，松泽教授都会幽默地说："别担心，你们，包括我自己，都无法做到。"面对一些针对其研究结果的批评，松泽教授表现出积极而从容的态度，他是快乐的。这正如在挑战研究的疑点与难题时，他积极寻求突破点，也是快乐的。他是一位思考并快乐着的科学家。

如今出现在书刊、电视节目以及人们脑海里的人类进化历程，往往是一张人如何用后肢行走、逐渐站起来成为人的图片，而松泽教授团队的研究在人类进化与起源方面也有新发现。这个发现虽然目前还只有少数人赞同，却体现了研究者独到的观察思路与眼光。在为松泽教授做交互式口译的过程中，常常有生物学专业的同学或老师对他在讲座中提出的"仰面朝天的躺姿在人类进化中起到了重要而关键的作用"这一观点产生疑问。人们脑中的刻板印象实在是太顽固了！松泽教授以一种极具冲击力的方式，提醒大家去注意仰面朝天的躺姿的重要性。他绘声绘色地指出，直立行走假说是错误的。把黑猩猩和猩猩的婴儿仰面平放在地面上时，他们伸手伸脚的姿态是想要抓住妈妈，而人类婴儿仰面朝天躺姿的生理机制则是出于进化中产生的面对面交流和语言沟通的需求。对人类进化与起源感兴趣的读者，准备好进入思想探索之旅了吗？快去寻找埋藏在字里行间的宝藏吧。

在这两本综述了松泽教授毕生研究成果的科普读物中，他还明确地指出了很多有待解答的学术研究空白。各位对人类以及人类认知、人类进化起源、动物行为学充满好奇心的读者，请准备好阅读的时间。在阅读后，我保证你们会摩拳擦掌，想要探寻更多有关黑猩猩、有关人类的研究话题。要么背起背包，走进大自然去观察、去体悟、去保护、去记录；要么拿起笔记本，走进实验室去探索、去分析、去验证、去关爱。有那么多美好的科学话题，等待着大家去探索发现。

感谢松泽教授为广大中国读者提供了一个思考并快乐着的科学家，透过黑猩猩看人类的视角与答案。


在《透过黑猩猩看人类：想象的力量》的后记中，松泽教授表示把此书当作遗作，当读者读到这句话的时候，一定会觉得有点惋惜。曾经有听众在听完他的讲座后反馈说，松泽教授不仅是一位科学家，更是一位哲学家，非常期待他继续出新书。作为译者的我们也知道，松泽教授一定闲不住，不会封笔的。果然，2018 年，松泽教授出版了新作《透过黑猩猩看人类：分享的进化》。

2022 年 9 月 1 日起，松泽哲郎担任西北大学生命科学学院的客座教授，与方谷成为合作伙伴。在松泽教授的引荐下，韩宁与方谷也成了合作伙伴。为了让中国读者对松泽教授的研究有更加全面的了解，经由方谷联系，东方出版社决定再版《透过黑猩猩看人类：想象的力量》，同时推出《透过黑猩猩看人类：分享的进化》中文版。我们重新梳理了《透过黑猩猩看人类：想象的力量》，以便让读者更加自然而然地进入《透过黑猩猩看人类：分享的进化》。

《透过黑猩猩看人类：想象的力量》以比较认知科学的视角，全面介绍了黑猩猩的实验室研究以及野外黑猩猩的观察研究，并将黑猩猩与人类进行对比，透过黑猩猩更加深刻地了解人类的本质，即想象力塑造了人类。《透过黑猩猩看人类：分享的进化》则把黑猩猩与人类的对比进一步融合，并以交流为核心，探讨了分享的起源与进化，激发读者的好奇心，让读者追随着松泽教授的研究，在阅读中探索人性闪光的特质之一——分享的起源与进化。

希望读者在阅读之旅中找到属于自己的答案！

韩宁　方谷

2024 年 6 月 28 日